社会网络社区

识别方法研究

张桂杰 王 帅 著

STUDY ON THE COMMUNITY DETECTION METHODS OF SOCIAL NETWORKS

中国科学技术出版社
·北 京·

图书在版编目（CIP）数据

社会网络社区识别方法研究 / 张桂杰 , 王帅著 .
北京 : 中国科学技术出版社 , 2025. 2. -- ISBN 978-7
-5236-1203-3

Ⅰ . TP393.4

中国国家版本馆 CIP 数据核字第 2024SZ9066 号

策划编辑	王晓义	
责任编辑	杨　洋	
封面设计	中文天地	
正文设计	中文天地	
责任校对	邓雪梅	
责任印制	徐　飞	

出　　版	中国科学技术出版社
发　　行	中国科学技术出版社有限公司
地　　址	北京市海淀区中关村南大街 16 号
邮　　编	100081
发行电话	010-62173865
传　　真	010-62173081
网　　址	http://www.cspbooks.com.cn

开　　本	710mm×1000mm　1/16
字　　数	130 千字
印　　张	8.25
版　　次	2025 年 2 月第 1 版
印　　次	2025 年 2 月第 1 次印刷
印　　刷	涿州市京南印刷厂
书　　号	ISBN 978-7-5236-1203-3 / TP·508
定　　价	79.00 元

前　　言

随着互联网技术的发展及其在社会各个层面的不断深入和普及，社会计算继物理计算和生物计算之后，逐步成为科学计算研究的焦点和前沿课题。社区识别是社会计算领域重要的基础性研究问题，吸引了来自计算机科学、社会学、物理学、生物信息学及管理学等多领域科研人员的广泛关注。与网络的无标度特性、小世界特性等基本统计特性相并列，社区结构是社会网络中真实存在的重要拓扑属性之一，社区识别的研究目标在于揭示社会网络中普遍存在的社区结构。社区的识别有助于帮助人们发现网络中隐藏的规律，从而理解网络的功能，进一步对网络的行为进行预测并有效地指导网络的演化，驱动网络向着有利于人类生存的方向发展。

本专著针对社会网络的社区识别问题展开研究，整体上采用一种递进式的研究路线，从静态社区识别的基本问题入手，采取多种方法对非重叠、重叠社区进行分析，进一步过渡到动态社区识别的研究，有效地处理随时间演化的网络社区识别问题。本专著所提出的算法是对现有方法的改进、完善和发展，是对社区识别方法体系的有益扩充，力求为社会网络结构分析的相关理论研究及技术应用提供基础性的支持。具体来说，本专著主要从非重叠社区识别、重叠社区识别、基于链接的社区识别及动态社区识别4个角度对社会网络社区识别技术进行深入探索，提出相应的社区识别模型，在真实社会网络和人工基准网络上进行测试，并与多个同类型的经典算法进行对比分析。主要研究内容如下。

（1）首先研究非重叠结构的社区识别。GN算法的提出，引领了社会网络社区识别研究的热潮，很多算法从不同的角度、使用不同的模型进行探索，产生了一些经典的算法并得到了广泛的应用。但是随着互联网的发展，大规模社交网站迅速推广，海量数据涌现，对社区识别算法的要求越来越高。大多数非重叠社区识别使用网络全局结构，计算复杂度高，还有些算法需要根据先验知识预设社区的数目等信息。因此，需要在降低算法复杂度、减少先验知识约束等方面对算法加以改进。为了能够降低算法复杂度，提高效率，本专著提出一种节点重要性评估方法，选出网络中的部分种子节点，围绕种子节点建立初始社区，采用适应度函数对初始社区进行局部扩张，为未知社区归属的节点找到其最佳社区归属。该方法不需要任何先验知识，并且具有较高的执行效率和准确度。

（2）在现实生活中，人们往往具有多重属性并同时活跃在多个社区内，如某一家族的成员会拥有朋友圈、同学圈、工作伙伴圈等，某一研究人员可以活跃在多个不同的研究领域，特别是随着在线社会网络的发展，通过社交网站建立起各类兴趣圈子，这些圈子之间的成员均会出现重叠现象。因此，在社会网络中寻找这类具有重叠节点的社区结构更具现实意义。重叠社区识别问题已有一些研究成果，但在算法稳定性、准确性及重叠节点的比率的控制等方面存在较大的提升空间。本专著提出一种基于拓扑势的局部化重叠社区识别算法，适用于节点的重叠度相对较低的网络。首先，引入拓扑势描述节点间的相互作用，以动态设定各节点的影响力阈值；其次，提出一种节点局部相似性的度量指标，生成相似度矩阵；最后，利用节点的影响力阈值动态约束相似度矩阵，建立以动态相似度矩阵为输入的标签传播算法。据大量的实验表明，算法既以较高的精度探测出重叠社区，又保持了标签传播类算法执行效率高的优势。

（3）基于节点结构的社区识别已有大量的研究成果，一些研究人员注意到基于链接的方式在识别重叠社区时有着天然的优势，尤其是针对节点的重叠度相对较高、网络链接密度相对较大的网络，因此将研究对象由节点转向链接成为重叠社区识别的有效手段。但在研究过程中发现，现有链接社区识别算法容易出现节点的过度重叠及孤立社区问题，为了避免这些问题，本专著提出一种基于链接相似性聚类的重叠社区识别算法。该算法从多角度对链接间的相似性进行度量，发现某些度量方法在链接预测领域取得较好效果，但并不适用于社区识别。通过比较多种建模方法，选择最适合社区识别的一种，并采用 Ward 聚类的方法建立链接层次树，利用重叠模块度标准截取最优划分。然后将非重叠的链接社区还原为节点社区，此时自然对应着重叠结构的节点社区，进一步通过重叠率限制阈值进行优化。参数分析及实验验证表明，所提出的算法不仅执行效率较高，而且在同样基于链接的社区识别方法中执行准确度占有一定优势，有效地避免了过度重叠社区的存在。

（4）目前多数算法均是针对静态社会网络社区识别而设计，但社会网络是随时间不断地动态演化的，为了实现对社会网络信息的实时挖掘，需要研究社区演化的分析方法。现有一些动态社区识别方法往往通过在不同的时间片上反复执行静态算法来跟踪网络的演化，这类方法难以适应大规模数据快速变化的网络，从而大规模动态社区识别问题成为该领域最具挑战性的研究热点。因此，本专著从网络增量的角度考虑社区的演化，提出了增量式动态社区识别算法。首先，以节点的局部拓扑结构为研究对象，提出了基于随机游走的社区识别算法，节点的聚类方向无须经过全局计算即可获得。然后通过分析网络在相邻时刻的变化，以4类动态事件（节点增加、节点消失、链接增加、链接删除）来刻画演化过程，并设计相应的局部调整策略自适应地实现动态社区识别。

目 录

CONTENTS

第一章

绪　论

第一节　研究背景与意义

自人类诞生以来，人们就以群居的方式生活在一起，共同居住、耕种、劳作、狩猎等，从而形成了社会，社会成员之间通过血缘、生产合作等关系交织形成社会网络。随着人类文明的发展，社会网络结构越来越复杂、种类越来越繁多[1-2]。狭义上讲，社会网络指人与人之间形成的交互关系；广义上讲，社会网络可以是各种具有潜在社会属性的复杂网络，如交通网络、电信网络、科研合作网络、神经网络、生物网络及互联网等。尽管这些网络由不同的部件通过不同的交互方式组成，然而可以通过网络的一般属性进行刻画并研究其一般性质，如度分布、路径长度、度中心性和网络社团结构等性质[3-5]。

社会网络最初的研究起源于社会学、人类学，目前已有大量的著作、文献从社会学的角度分析个体之间的关系，这些研究主要从社会、结构和认知角度对社会网络进行了分析[6-7]。近年来，随着互联网的普及，在线社会网络大量涌现，比如国外的脸书（Facebook）、领英（LinkedIn）和聚友（MySpace），国内的人人网、新浪微博和微信等。这类社会网络因不像传统社交网络受地理因素、人文因素等的限制而迅速、广泛地发展起来。在线社会网络使得大规模数据的搜集变得容易。极其丰富的数据为知识发现和数据挖掘提供了史无前例的机遇和挑战，引起了数学、物理学、信息学、统计学、管理学及计算机科学等领域专家学者的广泛关注。许多研究借助高性能计算平台，专注于对数据的结构、属性和涌现行为的分析，多学科的融合也产生了丰富的研究成果，为理解人类各种社会关系的形成、行为特点分析和舆情控制等提供了大量的技术支持[8-9]。

　　社会网络具有复杂网络的性质，宏观上（Macroscopic）有"富者越富""好者变富"等特性，中观上（Mesoscopic）有"群组"和"社区"等特性，微观上（Microscopic）有"同质性""聚类效应"和"平衡理论"等特性。其中，研究最为广泛的结构化问题是社区识别，又被称作探测网络中的社团、群组或簇等。社区的识别有助于帮助人们发现网络中隐藏的规律，从而理解网络的功能，进一步对网络的行为进行预测，并有效地指导网络的演化，驱动网络向着有利于人类生存的方向发展。尽管目前的研究中对什么是"社区"还没有一个公认的定义，但是普遍的观点认为"社区"是指一组具有"高内聚，低耦合"特性的对象集合，即同一社区内部成员联系紧密，而社区之间成员联系稀疏，如图 1.1 所示，展示了一个简单的具有非重叠社区的网络。

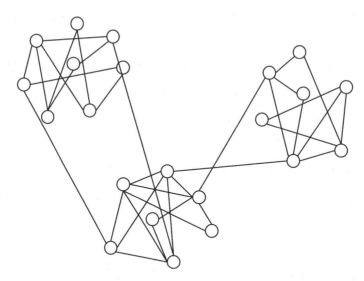

图 1.1　具有社区的小型网络示意图[10]

　　社会网络社区识别的研究起源于美国社会心理学家斯坦利·米尔格伦（Stanley Milgram）[11]对"六度分割"理论的研究。在远远早于互联网出现的 20 世纪 60 年代，这种研究往往通过手工搜集人类交往的真实数据艰难地展开。米尔格伦假设地球上任何两个演员之间的分割度为 6，然后通过传递信件来测试两个参与者之间是否可以通过 6 次传递取得联系来进行验证。这种实验往往由于参与试验者的不负责任或消极对待而失败，人们也会因那些少量没有被送达目标的信件而质疑试验结果的准确性。虽然六度分割理论并不十分精确，然而这些结果至少在定性的角度上可以被接受，这种现象被称为"小世界现象"。在线社会网络的发展及计算机技术的进步使得测试这种假设变得简单易行，MSN Messenger（微软旗下即时通讯软件）数据对这一理论进行了测试[12]，其结果表明两个 MSN Messenger 用户之间的平均路径长度为 6.6，也是对六度分割理论的一个验证。另外一些网络性质如"缩减半径"或"优先连接"，也在大量的在线社会网络数据上得以验证。

从根本上讲，社区识别能够促进和帮助我们加深对社会体系的理解。具体来说，可以分为以下两个方面。

1. 社区识别为很多研究提供了基础性的理论和技术支持

一些研究将社区结构信息有机地融合到相关问题的求解当中，在执行效率及准确度方面大大提高了算法的性能。例如，基于社区识别的链接分类及预测、基于社区结构的节点影响力计算和基于社区结构的个性化推荐系统设计等。在万维网中，社团发现的一个常见应用是代理缓存，大量的客户端如果有相同的兴趣且在地理位置上距离接近，则可选择社区中的代表性节点当作代理服务器使用。在电子商务交易领域，把具有相同购买行为的消费者聚集在一起而开展个性化的推荐引擎。在移动通信领域，无线移动点对点网络能够高效地实现信息的路由和传递。在一个大规模社区中通过区分社区中的核心成员和边缘成员，可以用于病毒式营销、网络蠕虫遏制、网络压缩等。

2. 社区识别为很多社会实践问题提供了解决方案

比如将社区识别技术应用在政治助选、市场营销、病毒遏制及犯罪团伙识别等领域已取得了大量有价值的应用，2008 年美国总统选举即是政治助选的例子。在 2008 年 9 月，美国总统竞选团队打造了一个社会网络分析团队。该团队建立了捐资者数据库、民意调查数据库和网络数据库，对持中间立场的选民进行不同类别的社区挖掘，将其划分为多个社区，然后针对不同的社区人群通过电子邮件发表不同的施政主张，如向非裔发布反对种族歧视的主张、向医生发布提高待遇的主张、向建筑工人发布保障工人权益的主张等。这些工作产生了巨大的作用,助力总统候选人以领先 11 个百分点的优势支持率赢得了总统竞选。亚马逊公司的营销推荐系统是电子商务领域的又一个成功例子。亚马逊是美国综合性网络电子商务公司,书籍是其主要产品,早期的推荐系统采用人工方式,随着海量数据的产生,亚马逊研发了自动化的推荐系统,该系统首先搜集用户的各种浏览信息、购买数据、评价数据等,然后根据这些信息将具有相同或相似特征的顾客进行聚类,再基于同类用户的购买行为进行商品推荐,此系统在运行之初就助力亚马逊的销售额提高了 35%。

基于以上分析,社区结构在社会网络中真实存在且具有重要的理论和实际意义,由此,本专著针对社会网络的社区识别问题展开研究。

第二节 社会网络社区识别相关基础理论

本节介绍社会网络社区识别相关的基本定义、表示及性质,为本专著后续的研究及算法描述做好准备工作。

社会网络分析最基本的数学表达形式是图论法、矩阵法及社会计量学等。目前社会网络社区识别领域的研究主要与图论法密切关联,大多数以线和点的关联关系为研究对象,采取有效的措施进行图聚类,但社区识别结果的社区数目往往未知,而图聚类通常需要预设聚类簇的数目[13-14]。

1. 社会网络的表示方法

社会网络的研究在数学的相关研究中称为图(graph),是一个由多个顶点及连接顶点之间的边组成的集合,顶点和边在物理学领域的研究中称为点(site)和键(bond),在社会学中称为参与者(actor)和关系(tie),而在计算机领域的研究中称为节点(node)和链接(link)。本专著的研究中将社会网络表示为 $G(V, E)$,其中,$V(G) = \{v_i | i=1, \cdots, N\}$ 为节点的集合,$E(G) = \{l_{ij} | v_i, v_j \in V\}$ 为边的集合,$L=|E(G)|$ 为边的总数量,$N=|V(G)|$ 为节点的总数量。对于有向网络,链接是有指向的,因此 $l_{ij} \neq l_{ji}$,而无向网络中 $l_{ij}=l_{ji}$。加权网络中包含揭示节点间连接强度的权重值。加权有向网与无权无向网络在社区识别的

研究中具有相似性，因此，本专著将研究对象设定为无权无向网络。

2. 邻接矩阵

数据结构中存在多种不同的方法表示图结构，如边列表、邻接表、邻接矩阵、树及堆等，其中邻接矩阵（adjacency matrix）可以清晰、简洁地表达网络中的节点及节点之间的相互关系。如图 1.2（a）所示的网络结构，由 9 个节点及 13 条链接构成，其邻接矩阵元素表示为 $A_{ij} = \begin{cases} 1 & (\text{当节点} i, j \text{直接相连}) \\ 0 & (\text{当节点} i, j \text{不直接相连}) \end{cases}$，在不考虑节点到自身的路径时，可得其邻接矩阵 A 如图 1.2（b）所示。在不考虑节点自环的情况下，矩阵 A 是主对角元素为 0 的对称阵。

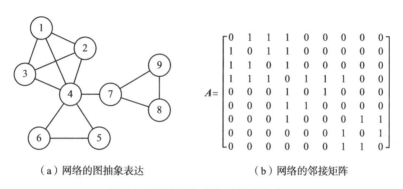

（a）网络的图抽象表达　　　　　　　　（b）网络的邻接矩阵

图 1.2　网络的抽象表达及其邻接矩阵

3. 节点度与度中心性

节点度是指网络中与节点直接相连接的边的数量。若网络中的总节点数为 N，则其节点度的取值范围为 $d \in [0 \sim (N-1)]$。其中，孤立节点的度为 0，星型结构中的中心节点的度为 $N-1$。全部节点的平均度为：$\bar{d} = \sum_{i=1}^{n} n_i / N$，根据欧拉定理，任何图中结点度的总和等于边数的 2 倍。

网络中心性往往用来衡量哪些节点是最重要或最核心的。最简单、常用的中心性测度即是节点的度，称为度中心性，描述节点的连通情况。通常，节点的度越大，在网络中的地位越重要，网络中的 Hub 节点即是基于度中心性高的节点进行定义的。但是节点自身的度仅仅反映了节点的直接影响力，而节点的重要性不仅与自身信息相关，还与其相邻节点的度及核数等相关，因此在衡量节点重要性时度中心性只是其中一方面。

4. 网络密度

网络密度指的是网络中真实链接数目在所有可能存在的链接数目之中的比例。在包含 N 个节点的无向图中，最多可能的链接数为 $N(N-1)/2$，而实际链接数目为 L，则此网络的密度为：$\partial = 2L/N(N-1)$。密度值与网络成员之间关系的强度成正比，用于衡量网络成员间关系的紧密程度。

5. 介数中心性（betweenness centrality）

介数中心性主要描述一个顶点或链接"介于"其他顶点或链接之间的程度。具体来讲，节点介数是指网络中经过该节点的测地（最短）路径数，而链接介数为经过该链接的测地（最短）路径数。由于位于社区之间的链接作为大量的最短路径的必经之路，因此其介数将会很高。节点的度中心性和介数中心性并没有必然的联系，节点的度可以很低，与网络中其他节点的距离也可以很长，但是仍会有较高的介数。如图 1.3 所示，节点 v_4 连接了两个不同的群组，两个群组中的任何节点之间的路径都需要通过 v_4，因此，节点 v_4 具有较高的介数，而其度数仅为 2，度中心性较小。

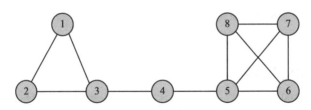

图 1.3　度中心性与介数中心性差异表达图

6. 聚类系数（clustering coefficient）

聚类系数指网络中所有长度为 2 的路径中闭合路径所占的比例，它度量的是某节点的两个邻居节点也互为邻居的平均概率，可表达为 $C=$（三角形数目）$\times 3/$（连通三元组数目）。对于无权网络，聚类系数指节点 v_i 的邻居之间实际存在的连接数目与这些邻居完全连接时的连接数目的比值。表达为：

$$C_i = \sum_{v_j, v_k \in N_i} \frac{2\left\|\{l_{jk}\}\right\|}{k_i(k_i-1)} = \frac{2}{k_i(k_i-1)} \sum_{v_j \in N_i} \sum_{v_k \in N_i} A_{ij} A_{ik} A_{jk} \tag{1-1}$$

如图 1.4 所示的网络结构，其中深色节点在 3 个图中拥有相同数目的邻居节点，但是邻居节点之间的连接不同，导致其聚类系数的差异。在最左边的完全图中，聚类系数为 1，中间的图中由于邻居之间一条边的缺失，使得聚类系数下降为 0.67，当其邻居之间没有连接时，如最右图所示，聚类系数达到最小值 0。

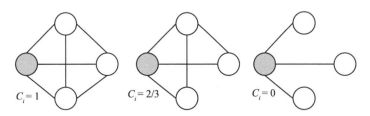

图 1.4　具有不同聚类系数的网络结构

对图 1.3 所示的网络，比较其度数、聚类系数及介数得表 1.1 所示的结果。可见，尽管节点 v_4 度数仅为 2，但它的聚类系数及介数均大于度值为 3 的节点，与度数最大的节点 v_5 的介数相同。

表 1.1　图 1.3 所示网络的基本属性

属性	节　　　　　　　　　点							
	1	2	3	4	5	6	7	8
度数	2	2	3	2	4	3	3	3
聚类系数	1	1	0.33	0	0.5	1	1	1
点介数	0	0	0.48	0.57	0.57	0	0	0

7. 网络路径长度

网络中的路径是指从源节点到达目标节点所经过的链接数。最短路径又称作测地路径，是指从源到目标节点经历中转节点数量最少的一条，即 $d(v_i, v_j)$。其最大值即为网络直径，表达为 $diam = \max_{i,j} d(v_i, v_j)$，而网络的平均路径长度定义为：

$$\bar{l} = \frac{1}{N(N-1)} \sum_{v_i, v_j \in V} d(v_i, v_j) \qquad （1-2）$$

美国哥伦比亚大学 D. J. 瓦特（D. J. Watts）等人[15] 的"小世界效应"（即"六度空间理论"）研究表明，尽管社会网络可以很大，然而其平均路径长度却非常小，小到最多通过 5 个人你就可以认识任何一个陌生人。但是随着互联网的发展，在数据量迅速膨胀的同时世界变得更小了，目前全球最大的社交网络 Facebook 的核心数据科学团队采用弗拉若莱 - 马丁算法（Flajolet–Martin），分析了该网络的 15.9 亿注册用户间关系图谱，得出结论，社会网络中人与人之间的平均路径长度实际上只有 3.57。

第三节　国内外研究现状

社区结构最早的研究来自社会学，社会学家将社区定义为一个小的群体，其成员相互之间都具有朋友关系，即任意两个成员之间都是互相连通的，由此网络研究中将其定义为一个完全子图（complete subgraph），也称作派系（Clique）。这种社区的定义过于严苛，真实网络中存在较大派系的情况并不多见，后期的研究将其推广至一般意义上的社区结构，将完全子图中缺失部分链接，但仍满足一定内聚性的节点集合称为社区。实际上至今仍无统一且通用的社区结构定义，各领域学者从社区作为社会网络的中观结构特征表现出来的内在性质、所处的具体环境及应用背景对其进行概括和总结，其中被普遍认可的主流概念包括：

1. 基于节点相似性的社区定义

福尔图纳托（Fortunato）等人认为，由于社区内部节点共享某种共同的性质，因此一个合理的假设是相似性较高的节点更倾向于加入同一社区。依据此策略构建相应的函数模型来计算节点间的相似性，然后采用局部或全局优化方法进行迭代，社区结构的求解过程可以在有限的步骤内迭代完成。

2. 基于链接密度的社区定义

这类定义更多地考虑的是网络中的链接模式，认为社区内部的链接密度或链接数量要远远大于社区之间的链接密度或链接数量。基于这一定义，一些研究者根据网络类型设定了相应的密度阈值，并认为大于该阈值的子结构即为网络中的社区。另一类研究认为社区由若干个 clique 构成，从而先挖掘网络中的主派系（k-clique），再进行基于 clique 的扩张、过滤等，从而识别出社区。

3. 基于社区节点行为的社区定义

一些研究者根据社交关系的从属性提出部落（tribe）的概念，部落即指被相同领导者影响并组织的节点集合。相应地，与部落首领具有相同网络行为的节点被认为属于同一社区。这类社区的典型代表为星型结构的社区，各分支节点以核心节点为领袖，从而形成行为引导型社区。

社区识别的研究类似于图划分（Graph Partition）与层次聚类（Hierarchical Clustering），但也存在区别，图划分问题是将网络顶点按照指定的数量和规模划分成群组，并使群组之间的链接数最小。而社区识别问题是搜索网络中自然出现的群组，事先并不预知网络群组的数量和规模。

一、社区识别方法

目前，社区识别已有大量的研究成果，从不同的观测角度，这些成果可有多种不同的分类。例如，从识别结果中节点的重叠与否分为"硬社区识别"和"重叠社区识别"、从处理的是网络中某一时刻的快照还是连续的时间区间分为"静态区识别"和"动态社区识别"、从识别过程中目标结果的数量分为"单目标社区识别"和"多目标社区识别"、从处理过程是自下而上的合并节点还是自上而下的删除链接分为"凝聚式"和"分裂式"、从处理对象为节点或链接分为"基于节点模式"的社区识别和"基于链接模式"的社区识别、从算法的寻优过程可分为"启发式"和"目标函数优化式"社区识别、从数据处理范围可分为基于"局部"和"全局"结构的社区识别、从数据处理的对象可分为基于"拓扑结构"和基于"结构和属性"及基于"语义信息"的社区识别等等。上述分类只是从不同的角度来观测算法，并不能简单地将算法归为某一个类别，如一个算法可能兼具重叠与多目标的特征，也可能属于基于链接模式的启发式动态社区识别算法[16-18]。本专著正是在深入分析以上各类算法的基础上展开对社区识别算法的研究，下面介绍各类算法的典型代表。

1. 分裂式社区识别方法

分裂式社区识别方法的基本原理是找出所有的社区间链接，然后将其全部删除，剩余的连通分支便形成社区[19-22]，算法的关键在于如何找出合理的社区间链接。此类算法最典型的代表为米歇尔·格文（Michelle Girvan）和马克·E. J. 纽曼（Mark E. J. Newman）等人[23]提出的 GN 算法，该算法的提出使得多领域研究人员开始深入探索社区识别问题，掀起了社区识别研究的热潮，至今仍堪称社区识别领域的开创性经典算法。

GN 算法的基本思想是不断地移除网络中"链接介数"最大的边，主要步骤为：

Step 1. 计算网络中所有链接的介数。

Step 2. 搜索介数最大的链接，将其从网络中删除。

Step 3. 重新计算删除链接后所有剩余链接的介数。

Step 4. 重复 Step 2，直到删除所有链接，使得每个节点成为一个独立的社团时终止。

该算法存在的问题在于其计算复杂度过高、执行速度慢，由于反复计算链接介数造成了过大的计算开销，复杂度为 $O(l^2n)$，其中，l 为链接数目，n 为节点数目。鉴于该算法的复杂度过高，其只能用于处理上百个节点的中、小规模网络。该算法进行社区识别的另一主要问题在于，需要预先设定社区的数目，否则算法不知道何时终止。

2. 凝聚类社区识别方法

凝聚类算法的执行过程与分裂式算法相反，此类算法初始时将网络成员看作独立的社区，通过对目标函数不断地优化进行合并，直至达到目标函数的最优化为止。

为了解决 GN 算法需预先设定社区数目的问题，纽曼等人[24]提出了一个模块度（Modularity）函数 Q，用于衡量社区识别效果。Q 函数给出了社区结构的清晰定义，迅速被广大研究者认同，成为社区识别的基准函数，再一次掀起了以 Q 函数为优化目标的社区识别研究热潮，目前的多数研究仍以模块度的各种改进版本为社区识别结果的度量标准。模块度提出的出发点在于，社区识别结果与保持各节点度不变的情况下生成的随机网络差异越大越好。

纽曼等人[25]的后续研究中对 GN 算法做出改进，提出一种基于贪婪算法思想的凝聚类快速算法 FN，其主要步骤为：

Step 1. 初始时，将网络中每个节点看作一个独立的社区，共存在 n 个社区。

Step 2. 依次合并存在链接的两个社区，计算合并后的模块度增量值。依据贪婪算法思想，每次选择使得使模块度 Q 增加最多或减少最少的进行合并，合并后对相关社区进行更新。

Step 3. 重复执行 Step 2，直到整个网络被合并成一个社团为止。

FN 算法输出结果为一棵层次聚类树，选择使 Q 函数值最大的社区划分作为最终结果。这一快速算法在执行效率上较 GN 算法有了很大的提高，经测试 FN 算法成功处理了超过 5 万个节点的科学家合作网络的社区识别问题。

在 FN 算法的基础上，A. 克劳斯特（A. Clauset）等人[26]采用堆数据结构对目标函数进行计算和更新，提出了一种贪婪凝聚算法 CNM，该算法的执行效率得到进一步提高，已接近线性时间复杂度，仅为 $O(n\log^2 n)$。

3. 标签传播类方法

标签传播算法（Label Propagation Algorithm，LPA）实现简单，在执行效率方面占有明显优势，LPA 算法能以线性时间复杂度实现大规模社区识别[27]，其基本思想是利用已标记节点的标签来预设未标记节点的标签信息，以实现半监督聚类。

将 LPA 算法思想应用于社区识别领域始于 U. N. 拉加万（U. N. Raghavan）等人[28]提出的 RAK 算法，因此也常把 RAK 算法直接称为 LPA 算法。该算法初始时为每个节点分配一个唯一的标签，在迭代传播的过程中，每个节点保持与其大多数邻居节点标签一致，直到网络中不再有节点标签发生改变为止，此时持有相同标签的节点形成一个社区。

A. 格雷格里（A. Gregory）等人[29]将 RAK 算法进行扩展，提出了基于节点标签异步更新的社区发现算法 COPRA，该算法通过允许一个节点同时持有多个标签，将 RAK 算法扩展至重叠社区识别。然而实验证明，COPRA 算法针对某些网络会产生大量的小规模社区，并且此类算法由于标签选择的随机策略导致了算法的不确定性，每次运行结果不一致，难以应用于网络的演化分析。

巴伯（Barber）等人[30]将 LPA 算法转化为目标函数的优化问题，提出了 LPAm 算法。刘歆（Liu Xin）等人[31]提出了 LPAm+ 算法，采用多步层次贪婪算法解决了 LPAm 算法容易陷入局部最优解的问题。谢杰瑞等人[32]提出了 SLPA 算法，采用交互的方式进行标签的选择，随后谢杰瑞等人[33]又提出了 LabelRank 算法，解决了由随机选择标签造成结果不稳定的问题。

4. 基于链接的社区识别方法

随着节点型社区研究的深入及研究人员对社区重叠现象的重视，一些研究工作发现，将研究对象由节点转向链接可得到更合理的重叠社区识别结果。根本原因在于，非重叠的链接社区自然对应着重叠的节点社区。节点间的链接往往都是由唯一的原因产生的，因此无重叠现象，但当一个节点所连接的多条链接归属不同社区时，此节点自然对应了不同的社区归属。

链接社区识别的研究最初由伊万斯（Evans）等人[34]提出，并采用随机游走的方式通过折线图生成器软件（Line Graph Creator）实现了链接图的构建，进而将已有非重叠节点社区识别方法迁移到链接图上。Evans 等人[35]随后又通过建立不同类型加权链接图的方式改进其算法。安（Ahn）等人[36]于 2010 年在《自然》（Nature）上发表文章，开创性地提出了基于链接的划分密度函数 Dc，并提出一个链接相似性度量标准，从而采用凝聚式思想构建层次聚类树。算法选取 Dc 函数值最优的划分作为最终的社区识别结果，此算法兼备了节点社区结构的重叠性与层次性特征。其计算复杂度为 $O(nk^2_{max})$，其中 k_{max} 代表网络中节点的最大度值。金（Kim）等人[37]于 2011 年将基于节点的高效的映射平衡 infomap 算法扩展至链接社区。

5. 动态社区识别算法

查克拉巴蒂（Chakrabarti）等人[38]提出演化聚类算法 EC（Evolutionary Clustering），在社区发现过程中以时间片为一次聚类分析的取样单位，将时间片 t 内的聚类结果、时间片 t 及时间片 $t-1$ 内的全局分布进行综合建模。2005 年，萨卡尔（Sarkar）等人[39]利用核心方法建立了节点间的概率关系。在进行动态演化关系建模时，利用各时间片内社区－节点的概率关联关系，建立了相邻时间片的节点分布的贝叶斯概率关系模型。

2007 年，池云等人[40]在 EC 算法的基础上分别提出了 PCQ 模型及 PCM 模型，其中 PCQ 强调聚簇密度，PCM 强调同一聚簇中的节点相似性。坦提帕斯安那（Tantipathananandh）等人[41]采用图着色问题对社区的动态变化进行建模，并对变更其社区归属的节点建立惩罚函数，据此建立全局社区结构量化的目标函数。孙（Sun）等人[42]提出了 GraphScope 算法，该方法以编码长度最短为优化目标，在动态变化时以编码的变化决定社区的变化。

2008 年，唐（Tang）等人[43]提出利用谱方法作为动态社会网络中潜在社区发现的核心方法，将分解后的多个时间片的社区分布向量进行了混合建模。林（Lin）等人[44]提出了 FacetNet 方法，该方法在 EC 的基础上，根据当前时间片的社区分布建立了 Snapshot cost 函数，并在社区识别过程中利用改进的软模块度进行迭代优化。

2009 年，金姆（Kim）等人[45]以 EC 模型为基本模型提出了 PDEM 算法，PDEM 算法考虑到 Facetnet 必须预先设定社区个数且不允许社区的动态增加及消亡的缺点，利用准 l-clique-by-clique 模型（对各时间片内的社区进行全关联）作为社区动态变化的判别方法。

单波等人[46]提出一种基于增量聚类的社区识别算法 IC，该算法首先定义了一系列增量相关节点集合，通过对增量相关节点集合在当前网络社区结构上进行调整而得到动态变化后的社区结构。该算法避免了对全局网络进行重新识别而具有较高的效率，但它对新产生社区及原有社区消亡的情况没有做出处理，只考虑了社区数目不变的情况。林旺群等人[47]提出 D-SNCD 算法，该算法是一种并行的层次社区识别算法，算法利用动态网络结构变化的局部性，对所生成的社区层次树分支进行实时更新。

2011 年，唐蕾等人[48]提出一种正则化多模聚类算法，研究动态合作网络中的社区结构，但仅适用于非重叠社区且无法处理网络的链接变化。尼格耶（Nguyen）等人[49]提出了自适应动态社区识别算法，首先设计了用于非动态重叠社区识别的 QCA 算法，在此基础上加以改进，提出了可动态处理重叠结构的

AFOCS 算法[50]。自适应动态社区识别研究中存在一个共同的特点，即将网络的动态变化分为增加节点、删除节点、增加边、删除边四种类型。AFOCS 算法和 QCA 算法分别对社区密度函数和模块度模型进行了改进，可以直接度量社区与节点的关系紧密度，并在动态事件发生时以考虑模块度的增加量为导向，自适应地更新已发现的社区。

2013 年，谢杰瑞等人[51]以标签传播为基础理论提出了动态 LabelRankT 算法，该算法以 LabelRank 算法[52]为基础。LabelRank 算法是以标签传播算法 LPA 与传统的图聚类算法 MCL 进行有机结合，解决了标签传播的随机性问题，又保持了线性时间复杂度的高效性。2014 年，奥利维拉（Oliveira）等人[53]提出以时间段为单位的动态社区发现算法，其中时间段由若干个连续的时间片构成。Oliveira 等人利用界标窗口模型（Landmark Window）及滑动窗口模型（Sliding Window）作为动态网络事件的取样时间段划分算法，并在实验分析中验证了 Sliding Window 模型相对于 Landmark Window 模型的优势。

6. 基于动力学的社区识别方法

基于动力学的马尔可夫随机游走类方法在社区识别领域得到广泛的应用，通常此类算法基于这样一种规则：在具有社区结构的网络上与完全随机图上的随机游走过程是截然不同的。东恩（Dongen）等人[54]于 2000 年提出 MCL 算法，该方法对随机游走过程中的转移概率矩阵进行调整，较强的流得到进一步强化，而较弱的流被削弱，反复迭代从而使社区结构呈现出来。

2008 年，罗斯瓦尔（Rosvall）等人[55]提出了 Infomap 算法，该算法基于 Huffman 编码及最小描述长度 MDL 理论，通过无限步随机游走所对应的最小编码长度来揭示最优社区结构。该算法具有另一个优点——能处理异配（社区内部连接相对稀疏）社区结构的网络。

2012 年，杨博等人[56]将社区识别与随机过程的动力性相结合，提出了以随机游走转移概率矩阵特征值来评估社区结构的亚稳态性，揭示网络内在属性与矩阵的谱特征之间的关系，从而得到网络社区结构的谱理论分析结果。

2015 年，邵俊明等人[57]提出了 Attractor 算法，该算法将网络看作一个自适应动力学系统，每个节点与其邻居进行交互，交互行为与节点间距离相互影响，在节点间距离动态调整的过程中呈现出社区结构。由于社区识别是基于网络内在链接结构的，因此容易得到不同分辨率的社区。该算法具有较快的处理速度，可应用于大规模网络数据处理。

7. 基于仿生学的社区识别方法

经研究发现，基于仿生学的算法应用在社区识别领域能够处理大规模数据，且结果具有较好的鲁棒性[58-61]。塔斯吉安（Tasign）等人[62]首次将遗传算法引入社区识别领域，何东晓等人[63]采用字符串编码的方式，设计了基于融合聚类的遗传算法 CCGA。刘彦等人[64]采用蚁群算法来探测邮件网络中的社团，金弟等人[65]提出基于随机游走的蚁群算法 RWACO。该方法采用马尔可夫随机游走的方式为 Agent 提供可行路径，以集成学习的方式将局部解融合为全局解，随着信息素的更新，社区内连接被逐渐强化，而社区间连接逐渐弱化，社区结构得以呈现出来。

8. 大规模分布式社区识别方法

2015 年，阙鑫宇等人[66]基于鲁汶（Louvain）等的模块度最大化 FUA 算法，提出了 Lightning-Fast 算法，此算法首次成功地设计了在分布式环境中，并行处理社区识别的实时分析系统。该算法采用贪婪策略及高度优化的哈希图映射技术，运行在大规模超级计算机上。得益于算法的优越性能及强大的硬件支持，Lightning-Fast 算法能在数秒内并行处理拥有 4 千万个节点及 12.8 亿条链接的网络结构。2015 年，王诗懿等人[67]在 GraphLab 并行计算模型上提出了重叠社区识别算法 DOCVN，该算法首先选择网络中网页排名（PageRank）值大的节点作为重要节点，然后计算其他节点相对于重要节点的归属度，并以重要节点为中心形成核心社区及扩展社区，再进一步合并、优化社区结构。

9. 其他算法

吴方等人[68]提出基于电阻电压的谱分解社区识别方法。该方法首先设定节点的初始电压 $V_1, \cdots, V_n$，其中 V_1 为源点，V_2 为终点。从 V_3 开始，为网络节点依次赋值，得到 Laplace 矩阵中节点的电压谱，从而实现了节点的谱聚类。算法具有相当高的效率，时间复杂度达到 $O(l+n)$.

基于统计推理的方法也被应用于社区识别领域，该类方法一般根据观测数据和模型假设推导数据特性，模型通常假设：节点之间要如何连接才能更好地适应网络的拓扑结构。常用的推理方法有：贝叶斯推理[69]（最大化生成模型的似然估计）、随机盒模型（Block model）[70-71]、模型选择[72]及信息论[73]等。这类方法采用的模型多假设节点具有某种类型的分类特征。

二、社区识别的评价方法

到目前为止，无论从定性还是定量的角度仍然没有对网络社区给出明确的定义，人们对社区结构理解的差异仍然存在。但为了评价社区识别算法的效果，需要从不同的角度，使用多种评价准则对社区识别结果进行度量。由于不同的评价准则是研究者使用不同的建模方法、基于不同类型的数据而提出，因此，评价各算法的性能时也应有所侧重地做出选择，不能一概而论。

目前常用的度量标准主要分为以下两大类：

1. 适用于具有基本真实值（Ground truth）网络结构的度量标准

具有 Ground truth 的网络主要为人工生成基准网络，如 Newman Benchmark[74]、LFR Benchmark 生成的基准网络[75]，另有少量已从现实社会观察得到社区结构的真实网络，如 Karate（空手道网络）、Dolphins（海豚网络）、Polbooks、Jazz（爵士网络）和 Football（足球网络）网络等。

此类评价标准将算法执行结果的社区结构与真实社区结构进行对比，常用的包括：归一化互信息（Normalized Mutual Information，NMI）、*Jaccard* 系数、*F-measure* 函数等[76]。

2. 适用于社区结构未知网络的度量标准

由于大多数真实网络社区结构并不明确，需采取一定的对比措施对算法进行综合分析。如将算法执行得到的结果与相应的零模型（Null model）进行比较。相应的零模型是指与该网络具有一部分相同的性质（如相同的节点度分布或相同的链接数目等），而在其他方面完全随机的随机图模型。再如，用社区结构的强弱来衡量，强社区结构指，社区内任意节点与本社区内部其他节点的连接比与其所在社区外部所有节点的连接要紧密，弱社团结构指所有节点所在社团内部边数之和大于外部边数之和。

此类评价标准主要包括：模块度 $Q^{[77]}$ 及扩展模块度 $EQ^{[78]}$、划分密度 $PD^{[79]}$、基于信息论的 $Infomap$ 算法$^{[80]}$、重叠社区模块度 $Qov^{[81]}$、平均导电率 $AC^{[82]}$ 等。本专著将在后续使用过程中对各评价标准进行描述。

第四节　主要研究内容与论著的组织结构

本专著以社会网络中采集的真实数据为研究对象，辅以人工合成网络数据，对社会网络结构化分析方法中的社区识别问题展开研究。图 1.5 描绘了本研究的整体框架，具体来说，主要从 4 个角度对社会网络社区识别技术进行深入探索，分析不同数据的特征，构建合适的社区识别模型，提出相应的社区识别算法。该论文整体上采用一种递进式的研究路线，从静态社区识别的基本问题入手，采取多种方法对非重叠、重叠社区结构进行分析，进一步过渡到动态社区识别的研究，有效地处理随时间演化的网络社区识别问题。本专著所提出的算法是对社区识别算法体系有益的扩充，力求为社会网络结构分析的相关理论研究及技术应用提供基础性的支持。

本专著从网络增量的角度考虑社区的演化。以节点的拓扑环境为研究对象，提出了基于随机游走的社区识别算法，节点的聚类方向不须经过全局计算即可获得。通过分析网络在相邻时刻的变化，以 4 类动态事件（节点增加、节点消失、链接增加、链接删除）来刻画演化过程，并设计相应的局部调整策略自适应地实现动态社区识别。实验分析表明，所提出的算法能够在保证执行效率和准确度的前提下有效地实现动态社区的识别。

论著全文分为 5 章，其组织结构如图 1.5 所示。

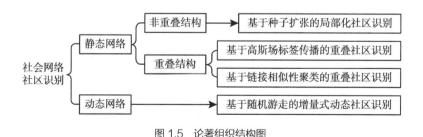

图 1.5　论著组织结构图

第一章为绪论，首先从社会科学及社会计算的角度介绍社区识别的研究背景、研究意义及发展趋势。其次对相关基础理论进行说明。接下来介绍国内外现阶段该领域的研究现状，从多个角度全面地归纳、总结和比较各类算法的特点、存在的问题及可能的解决方案。最后描述本专著的组织结构及章节安排。

第二章提出基于种子扩张的局部化社区识别方法。主要分为3个部分，首先，从多角度分析种子节点选择的策略，根据节点的两跳邻接节点，从主动与被动两方面衡量节点的影响力，提出种子节点挖掘算法。其次，由种子节点得到初始局部社区，再使用适应度函数对其进行局部化扩张，将非种子节点划分到适应度最优的初始社区中，从而得到高质量的局部社区结构。最后，对算法复杂度进行分析和实验验证，并在真实网络和人工数据集上展开大量与同类算法的对比实验。

第三章提出基于拓扑势的重叠社区识别方法。从物理学中关于场势理论的角度观察网络中节点的影响力，并结合半监督聚类的方法，采用标签传播策略，以节点的拓扑势场约束标签的传播范围，有效地确定各节点的标签选择。最终将持有相同标签的节点划分为一个社区，持有多个标签的节点归属不同的社区，实现重叠社区的有效识别。

第四章提出基于链接相似性聚类的重叠社区识别方法。通过对比多种链接相似性建模函数，选择适合重叠社区结构识别的模型，并选取适当的聚类方法，将具有相似结构的链接进行合并，重复执行得到链接聚类树，使用模块度优化进行截断，从而得到非重叠的链接社区，而这种非重叠的链接社区天然对应重叠结构的节点社区。最后再通过链接社区与节点社区的转换实现重叠节点社区识别。

第五章提出基于随机游走的增量式动态社会网络社区识别方法。该方法以种子节点为起始位置，通过随机游走的方式确定种子节点所在社区的成员。在网络演化的过程中，检测网络在不同时刻的动态变化量，进行局部调整，以得到新状态下的网络结构。

结论部分分析本专著研究工作所解决的问题、论著的主要创新性及不足之处，并对未来的相关研究工作进行展望。

第二章

基于种子扩张的局部化社区识别

第一节　引　　言

随着大规模社会信息网络的出现，识别社会网络的社区结构已成为其结构属性中最为重要的研究方向，吸引了多学科研究者的关注，并提出了大量的社区识别算法[83]。这些算法可分为基于全局和基于网络局部结构的算法，全局算法需把握整个网络的结构，从而揭示网络中的全部社区。然而，随着数据量的增大，网络的规模迅速增长，实时掌握网络结构展开全局计算变得越来越困难，且社会网络具有"小世界"特性，社会网络中的社区规模远远小于网络的整体规模，从而社区识别对网络的整体拓扑依赖较小，因此局部网络社区结构识别算法更为有效。局部算法通常从具有某特征的部分关键节点集开始，通过围绕其局部邻居，采取一定的策略进行合并、扩张，直到达到某评价函数的最优值来实现社区识别，其处理过程无须加载整个网络。另外，局部社区识别算法具有可并行化的特点，可借助并行算法的固有优势快速实现大规模的社区识别。

社区在社会网络中并非一次性出现，而是逐步形成的。在社区形成的过程中，参与其中的节点在社区中的地位各有不同。通常，少部分关键节点掌控着网络中最重要的大部分资源，在网络中起到主导性作用，社区往往是围绕这些节点逐渐建立起来的，我们把这类关键节点称为社区的种子节点，社区的演化及稳定性都与种子节点密切相关。另一部分称为普通节点，它们围绕在种子节点的周围，与种子节点联系紧密。还有少数边缘节点及离群点，边缘节点往往徘徊在多个社区之间，起到社区与社区之间的桥梁作用，具有归属不确定性。离群点往往与种子节点相距甚远，只与网络中个别节点有连接关系，其社区归属相对明确，网络中的行为异常分析往往与这些节点相关。

由于局部化算法往往围绕一定数量的种子节点展开，因此种子节点的选取对算法的成败起到决定性的作用。若单纯从节点度值的角度选择种子，在某些特形状的网络结构中难以发现合理的社区。另外，从种子数量的角度考虑，若种子选择数量过少，将会导致算法只能识别出网络中的一部分社区，而选择过多的种子节点将导致计算开销过大、得到过量的冗余社区。因此，选择适当数量，并在整个网络中分布合理的种子节点成为此类算法最具挑战性的问题。

目前已有一些局部化社区识别算法[84-92]，以拉迪奇（Lancichinetti）[93]等人提出的LFM算法为此类算法的典型代表。LFM算法首先随机选取一个初始节点，使用适应度函数探测其所在的局部社区，然后再在未被划分到任何社区中的节点中任选一个，重复上述过程，直到节点全部找到社区归属为止。LFM算法的优势在于既能识别网络的层次结构同时又能发现重叠社区结构，而不足之处在于初始节点选择具有随机性，导致了社区识别结果的不稳定性。陈端兵等人[94]针对加权网络展开研究，将节点所有邻接边的权之和定义为节点强度，具有最大强度的节点定义为种子节点，初始社区即围绕种子节点形成。对于无权网络，算法退化为以度值最大的节点为种子节点。以种子节点的邻接点为初始社区，设置隶属度阈值控制节点是否能够加入初始社区，通过不断将节点的隶属度大于预设阈值的节点吸收进社区进行扩张的方法得到最终的社区结构。尚明生等人[95]通过选择网络中的最大团即派系作为种子，以模块度的优化为目标，合并紧密相连的种子派系作为初始社区，再进一步扩张，将不包含在任何派系中的节点确定其社区归属，形成最终的社区识别结果。Jiang等人[96]提出了一个基于影响力最大化的社区识别算法框架。该算法设计了度量节点局部影响力的新方法，并采用信息传播理论的线性阈值模型进行社区扩张，不仅解决了社区识别问题，同时对影响力最大化问题给出了解决方案。

尽管在局部化社区识别领域已有一些研究成果，但这些算法中存在如下几点不足之处。

（1）随机选取种子节点或种子边而难以保证算法的正确性与稳定性。

（2）算法仅仅考虑网络图的层面，而缺少对节点社会属性的分析，需根据先验知识人为设置社区数目及社区内结点数目等参数。

（3）执行效率有待提高。尽管局部化算法比全局社区识别算法效率高，但在实际处理局部结构的过程中，特别是面对超大规模的社会网络时，仍有较大的提升空间。

另外，以单个节点作为初始节点的聚集能力有限，将产生大量的小规模社区；将初始节点扩展为与种子节点具有紧密关联的多个节点，将大大提高算法的执行准确度和执行效率。

基于以上分析，本章提出一种基于种子扩张的局部化社区识别算法 LSEA（Local Seeds Expansion Algorithm）。该算法首先提出一种基于节点局部影响力的种子选择策略，从主动性与被动性（即单个节点在其局部社会网络中的影响力及节点接受其周围邻接节点影响的能力）两个角度衡量节点在局部网络结构中的地位，该策略既具有较低的时间开销，又具有较高的社区结果覆盖度；其次，围绕种子节点形成初始社区，然后通过不断优化一个适应度函数，将其他节点吸收进种子社区，迭代扩张形成最终的社区结构；最后，在真实社会网络和人工生成数据集上进行测试，并与同类算法进行性能对比，验证了算法的准确性和高效性。

本章后续部分按以下结构展开：第二节提出节点重要性相关度量标准及种子节点的选择方法；第三节给出基于种子节点的初始社区识别方法及社区扩张策略，并对算法复杂度进行分析；第四节对所提出算法在真实网络与人工生成网络上进行验证，并与经典算法进行对比分析；最后总结本章研究内容并提出下一步工作展望。

第二节　种子节点的选择

通常，网络中部分重要节点（本专著称之为种子节点）在网络社区的形成、演化、稳定性及信息传播等方面起决定作用。在不同的应用背景下，种子节点的定义有所不同，相应的度量方法也多种多样。这类方法主要从基于网络局部属性、基于网络全局属性与基于网络位置属性的角度进行定义。目前应用广泛的有基于节点度中心性、基于节点介数中心性、基于特征向量中心性、基于核数的种子节点选择方法等[97]。

本部分基于在局部网络结构中影响力大于其所有邻接节点的节点最为重要的思想，提出一种节点影响力度量方法，进而设计了种子节点选择算法，算法优势在于，充分利用网络的局部拓扑信息，无须掌握全局结构。为了选择合适的种子节点，算法首先通过定义节点间的相互作用力计算节点之间的局部影响力，再综合节点对其邻居的影响得到各节点的局部影响力。传统基于度中心性的种子节点识别策略在社区识别应用中常产生偏差，如图 2.1 所示的网络结构，当仅从节点度值大小的角度选取种子节点时，位于社区 1 中的多个节点将被选中，而位于社区 2 中的节点均不被选择，显然会造成社区识别结果的偏差。本章算法在选择种子节点时，采取两跳邻居扩展的方式避免这种情况的发生，使得种子的选择在整个网络中分布更加合理。

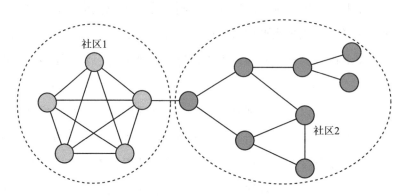

图 2.1　具有两个社区的网络

定义 2.1　节点间局部影响力

对于一个无权无向图，节点间的局部影响力具是有方向性而非对称的，在考虑节点间的两跳公共邻居的情况下，主要由以下三部分组成：

（1）节点 v_j 对节点 v_i 的直接影响。在无权无向图中，若 v_j 与 v_i 直接相连，则直接影响力为 1；否则为 0。

（2）节点 v_j 对节点 v_i 的间接影响。间接影响指节点间通过共同邻居相互作用的程度，间接影响力比直接影响力在一定程度上有所减弱。

（3）加强影响。若节点间既存在直接影响又存在间接影响，则 v_j 对 v_i 的影响力将有所增强。

综合以上三方面因素，节点 v_j 对一个特定的节点 v_i 的局部影响力定义为：

$$E_{ij} = \frac{1}{d_i}\left[A_{ij} + (1+\alpha A_{ij})\sum_{x\in N_{ij}} \frac{1}{(d_x - 1)} \right] \tag{2-1}$$

其中，α 为影响力加强因子，d_i 为节点 v_i 的度值，N_{ij} 为节点 v_i 与节点 v_j 的共同邻居集合。

进一步可得到节点对其邻居节点产生的影响力之和，反映出节点在其周围邻居中的地位，表达为式（2-2）：

$$L_i = \sum_{k\in N_i} E_{ki} \tag{2-2}$$

其中，N_i 表示节点 v_i 的所有邻居节点集合。

定义 2.2 节点的局部接受力

由于节点的影响力是有方向性的，相邻的两个节点之间的相互作用程度还与各自的其他邻接节点相关。因此，节点的局部接受力从被动的角度刻画一个节点 v_i 接受其邻居节点影响的能力；换言之，即节点被影响的能力，表达为式（2-3）：

$$E_{i.} = \sum_{j\in N_i} E_{ij} \tag{2-3}$$

结合式（2-1）分析可知，节点的局部接受力 $E_{i.}$ 的最小取值为 1，此时节点 v_i 为一个星型网络的核心，即其全部邻接节点只有一跳邻居，除了 v_i 以外不再有任何邻接节点。随着节点 v_i 聚类系数的增加，$E_{i.}$ 的值将不断增大，当 v_i 连接的局部社区结构形成一个完全图时，$E_{i.}$ 达到最大值。

定义 2.3 节点间相似度

对于网络中任意节点 v_i，v_j，其相似度采用 $Jaccard$ 指标[98]进行计算，如式（2-4）所示：

$$Sim(v_i, v_j) = \frac{\left| N(v_i) \bigcap N(v_j) \right|}{\left| N(v_i) \bigcup N(v_j) \right|} \qquad (2\text{--}4)$$

其中，$N(v_i)$ 表示节点 v_i 的所有邻居节点。

如图 2.2 所示，节点 v_i 与 v_j 间的局部影响力间存在直接连接且共有两跳公共邻居，其中节点间连接线的粗细程度表达了直接影响与间接影响的强度，当节点 v_i 与 v_j 既直接相连又存在共同邻居时，通过加强影响因子增强其影响力。

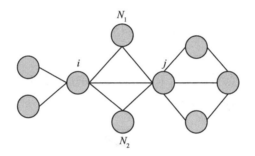

图 2.2　节点 v_i 与 v_j 的局部影响力

从图 2.2 中可见，节点 v_i 与 v_j 除了直接相连的一条边外，另有两跳共同邻居节点，根据式（2-3），当加强影响因子 α 取 0.5 时，节点 v_i 对节点 v_j 的局部影响力为：

$$E_{ij} = \frac{1}{d_i} \left\{ A_{ij} + \alpha(1 + A_{ij}) \left[\frac{1}{(d_{N_1} - 1)} + \frac{1}{(d_{N_2} - 1)} \right] \right\} = 0.5$$

反之，节点 v_j 对节点 v_i 的局部影响力为：

$$E_{ji} = \frac{1}{d_j} \left\{ A_{ij} + \alpha(1 + A_{ij}) \left[\frac{1}{(d_{N_1} - 1)} + \frac{1}{(d_{N_2} - 1)} \right] \right\} = 0.33$$

显然，在这种非对称的节点间影响力作用下，度值相对较小的节点对度值较大者的影响稍大。经过多次重复实验验证，参数 α 的变化对节点局部影响力值的作用较小，且其不会影响节点影响力由高到低排列的顺序。

以上分析表明，相互作用的一对直接相连的节点间的影响力是非对称的，节点度较大的对节点度较小的产生的影响力较大。同样，在一个节点的周围邻居节点中，度较大的对其产生的影响力要大于度较小的节点对其产生的影响力。这与真实社会网络中个体的能量传播或消息扩散能力度量是一致的。

通过计算节点对其所有周围邻居节点的影响力之和，即可确定此节点在网络中的局部影响力。若节点是其邻接节点中影响力最大的，则此节点被选作种子节点。具体步骤如算法 2.1 所示。

算法 2.1 选择种子节点

输入：图 $G(V, E)$

输出：种子节点集 $Seeds$

（1）Initialize $Seeds = \varnothing$

// 计算节点的局部影响力。

（2）For all $v_i \in V$

（3）   Score $(v_i) = \sum_{k \in N_i} E_{ki}$

（4）End for

// 将局部影响力值大于其所有邻居节点的确定为种子节点。

（5）For all $v_i \in V$

// 设置标识种子节点的标志变量。

（6）Is Seeds (i) =True

// 若某节点的局部影响力小于其邻居节点则改变标志变量的值。

（7）   For all $v_j \in N(v_i)$

（8）   If score (v_j) >score (v_i) then

（9）   Is Seeds (i) =False

（10）   End if

（11）End for

// 将局部影响力最大的节点并入种子节点集合中。

（12）   If Is Seeds (i) then

（13） $Seeds = Seeds \cup \{v_i\}$

（14）   End if

（15）End for

（16）Return *Seeds*

通过算法 2.1 得到整个网络中具有最大局部影响力的节点，形成网络社区的种子节点集合。首先计算各节点的局部影响力，将其与直接邻接节点的局部影响力进行比较，选择在其周围邻居节点中影响力最大的作为种子节点。

第三节 基于种子扩张的局部化社区识别方案

一、算法描述

本章提出一种基于种子扩张的局部化社区识别方法 LSEA。算法主要分为 3 个阶段。首先从整个网络中选取种子节点；其次对种子节点进行初始社区识别，将满足一定条件的种子节点进行合并，初步得到社区的数目；最后基于适应度函数，为除种子节点之外的其余节点确定其最佳社区归属。

通过上节算法，选取了种子节点集 *Seeds* 后，对其中的节点进行社区识别，从而得到初始社区。

算法 2.2　对 *Seeds* 中的节点进行划分，得到初始社区 IniCom

输入：初始种子节点集 *Seeds*，相似度限制阈值 threshold。

输出：由 *Seeds* 构成的初始社区 IniCom。

// 将相似度大于阈值限制的种子节点合并。

（1）$Add_i = \varnothing$

// Add_i 用于存储种子节点 i 合并的其他种子节点集合。

（2）IniCom = $\{ C_i | C_i = Seeds_i \cup N(v_i) \}$

// 种子节点初始社区集合，其中第 i 个元素是第 i 个种子节点初始社区。

（3）For all $v_i \in Seeds$

（4）For all $v_j \in Seeds$

（5）　$Sim(v_i, v_j) = \dfrac{|N(v_i) \cap N(v_j)|}{|N(v_i) \cup N(v_j)|}$

（6）　　If $Sim(v_i, v_j) >$ threshold then

（7）　　　　If score（v_j）>score（v_i）then

（8）　　　　　Seeds = Seeds \ { v_i }

（9）　　　　　Add$_j$= Add$_j$ $\bigcup$ { v_i }

（10）　　　　Else

（11）　　　　　Seeds = Seeds \ { v_j }

（12）　　　　　Add$_i$ = Add$_i$ $\bigcup$ { v_j }

（13）　　　End if

（14）　　　End if

（15）　End for

（16）End for

// 将合并后的种子节点及其直接相邻节点确定为初始社区。

（17）For all v_i ∈ Seeds

（18）　　For all v_j ∈ Add$_i$

（19）　　　If v_j 没有社区归属。

（20）　　　　IniCom$_i$= IniCom$_i$ $\bigcup$ { v_j }

（21）　　　Else if v_j 有社区归属。

（22）　　　　IniCom$_i$ = IniCom$_i$ $\bigcup$ IniCom$_j$

（23）　　　End if

（24）　　End for

（25）End for

（26）Return IniCom

通过算法 2.2 将算法 2.1 中选取得到的种子节点进行了初始社区识别。算法首先计算种子节点间的相似度，将相似度超过阈值限制的节点合并成为一个超级种子，即初始社区。通常这里的阈值取值区间为：threshold ∈ [0, 1]，一般取大于 0.5 的值。根据实际网络情况，不同的问题需要不同的聚类程度，因此取的阈值并不相同。阈值的大小决定了社区的分辨率，在具体算法中，需根据真实网络的数据特征及社区识别的具体应用需求进行调整。

经过以上步骤得到了初始种子社区，然后利用适应度函数模型，采取贪婪策略不断优化此函数，逐个判断未划分的节点是否应该加入社区。比较节点加入社区前后的适应度值的增量，即节点适应度，若为正值则将此节点吸收进社区，否则放弃该节点。对未划分节点逐一判断，得到一种最优的局部社区。适应度函数定义为：

定义 2.4　适应度函数 fitness

对于一个特定的社区 C，其适应度函数 f_c 定义为：

$$f_C = \frac{R_{in}^C}{\left(R_{in}^C + R_{out}^C\right)^\lambda} \tag{2-5}$$

其中，R_{in}^C 为社区 C 的内部节点度数之和，也即社区 C 的内部边数之和的两倍，R_{out}^C 为社区 C 与外部连接的节点度数之和，λ 为社区分辨率控制参数，λ 的取值通常在 0.5 与 2 之间，λ 值越大，识别结果中社区的数量越多、各社区的规模则越小。

定义 2.5　节点适应度

对于特定的适应度函数 *fitness*，候选节点 A 对社区的适应度指节点对一个社区适应度的贡献，即子图 δ 中包含节点 A 时的适应度 $f_{\delta+\{A\}}$ 与节点 A 不包含在子图 δ 时的适应度 $f_{\delta-\{A\}}$ 的差值。表达为：

$$f_\delta^A = f_{\delta+\{A\}} - f_{\delta-\{A\}} \tag{2-6}$$

算法 2.3　种子社区扩张

输入：原始网络结构。

输出：社区识别结果。

// 调用算法 2.2 得到种子集合的初始社区。

（1）Call IniCom

// UnAssign 用于存储未被划分到任何初始社区的节点集合。

（2）For $v_t \in$ UnAssign

// 为初始社区之外的节点寻找使节点适应度最大的社区进行划归。

（3）Fmax=0

（4）For $C_i \in$ IniCom

（5）　　　　　If $f_{Com_i}^{v_t} > F_{max}$ then

（6）　　　　　　$F_{max} = f_{Com_i}^{v_t}$

（7）　　　　　　BelongCom=i

（8）　　　　　End if

（9）　　　End for

（10）　　　$C_{BelongCom} = C_{BelongCom} \bigcup \{v_t\}$

（11）End for

算法 2.3 是在算法 2.2 完成基于种子节点集的初始社区识别的基础上，对网络中剩余节点进行归属社区的识别。算法首先搜索初始社区的邻接节点集合，然后通过节点适应度模型判断这些非种子节点是否应该归属此社区，依次将各节点加入到使得适应度函数增量最大的社区中。

二、算法复杂度分析

分析以上算法，其时间开销主要由两部分构成，一部分为种子节点的选取，另一部分为局部社区识别及扩张。对于包含 n 个节点，l 条边的网络 G，种子节点的选取时间主要用于计算节点的局部影响力，依据算法 2.1，由于计算时只需分析节点两跳邻居范围内的影响力，因此时间复杂度为 $O(nk^3)$，其中 k 为网络节点的平均度。局部社区识别时间复杂度与适应度函数中的参数 λ 紧密相关，参数 λ 决定了局部社区的大小。对于给定的参数 λ，最坏情况下，算法只识别出一个局部社区，这个局部社区包含了全部节点，此时算法的时间复杂度为 $O(n^2)$，但这种情况几乎不会出现，而当局部社区规模足够小时，算法执行速度迅速提高，几乎接近线性，因此算法在最坏情况下的时间复杂度为 $O(n^2)$，最好情况下为 $O(n)$。

为了进一步说明算法的时间复杂度，我们记录在人工数据集上算法的运行时间。图 2.3 表达了当参数 λ 分别取 0.9 和 1.9 时，算法在 LFR 人工基准网络数据集上的运行时间对比。从图中可见，当 λ 取值为 0.9 时，算法的运行时间为平方级，而随着 λ 的增大，当 λ 取 1.9 时，局部社区的规模减小，而算法的执行效率提高至近线性级。

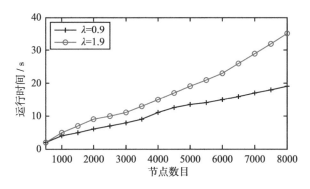

图 2.3　不同适应度参数时算法的计算复杂度

第四节　实验结果及分析

为了验证本专著所提出的算法 LSEA，我们采用经典的真实网络数据集及人工基准数据集进行测试，并与经典算法进行比较。实验环境为：Intel（R）Pentium（R）处理器、3.0GHz CPU、2.0GB 内存、160GB 硬盘、Microsoft Windows 7 操作系统，程序语言使用 C++ 与 Matlab 混合编程。

一、真实网络数据集

真实网络测试数据选择如表 2.1 所示的 4 个网络。其中，Karate 网络是扎卡里（Zachary）等人[99]研究的空手道俱乐部网络数据，是社区识别领域最知名的网络数据，常被用来测试社区识别算法。Karate 网络包含 34 个节点，代表美国空手道俱乐部的成员，Zachary 跟踪观察他们 3 年，这期间发生了一个著名的分裂案例，由于俱乐部的创建者与主教练发生了分歧，其成员选择了不同的归属，最终网络分裂为两个社区。除了研究人类社会网络，动物学家和生物学家也展开了对动物和海洋生物行为的研究。卢塞乌（Lusseau）等人[100]研究了新西兰 62 头宽吻海豚的行为，通过观察海豚的行为，以经常结伴出现的关系作为边，构造了 Dolphins 数据集，通过对此网络聚集性的研究表明，海洋生物的社团性也是非常明显的。Polbooks 网络[101]是 2004 年美国总统大选期间出版的被频繁且同时购买的政治书籍构成。Jazz musicians 为音乐家协作网络[102]数据集，

Alex Arenas 网站上列出了爵士音乐家合作的清单，即两支乐队合作演出过同一首曲子即产生一条连边。

表 2.1 真实网络数据集

网络名	节点数	链接数
Karate	34	78
Dolphins	62	159
Polbooks	105	441
Jazz	198	2742

使用本章提出的节点局部影响力度量标准，对 Karate 网络中各节点的影响力进行计算，得到如图 2.4 所示的结果。其中，横坐标为节点编号（本专著使用的 Karate 网络中节点编号均与纽曼等人[103]提出的 GN 算法标注一致），纵坐标为相应节点的局部影响力值。

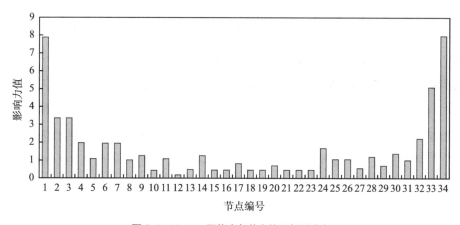

图 2.4 Karate 网络中各节点的局部影响力

从图 2.4 可见，局部影响力最大的两个节点为节点 v_{34} 和节点 v_1，其局部影响力值分别为 7.98 和 7.88，这一结果与真实社区中的两个社区的核心成员相符合。而局部影响力最小的节点为 v_{12}，由于此节点度值为 1，只与网络中的一个成员有关联，因此其影响力较小，从节点影响力值的整体分布来看，也与真实情况相吻合，验证了本章提出的种子节点选择算法的合理性。

进一步，由算法 2.3 得到如图 2.5 所示的 Karate 网络社区识别结果，整个网络分别以节点 v_{34} 和节点 v_1 为中心划分成两个社区，与真实网络社区相一致。

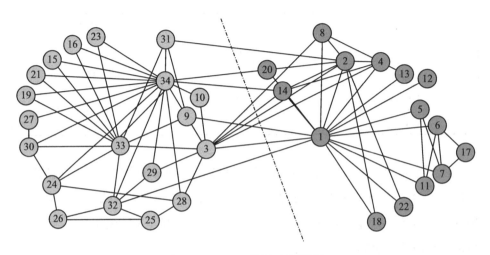

图 2.5　Karate 网络社区识别结果

图 2.6 直观地显示了 Dolphins 网络的社区识别结果，网络被划分为 3 个社区，表达了经常结伴出行的海豚自然形成的群落。图 2.7 所示为 Polbooks 网络得到的社区结构，该数据集由亚马逊网上书城有关美国政治图书的销售记录构成，每本图书内容的政治倾向有所不同，但总体上分为 3 大类，因此根据购买者经常同时购买的书籍建立链接关系后，将政治倾向相似的图书划分为同一社区。与纽曼等人[104] 使用的节点标号一致，其社区节点集为：

社区 1= $\{v_5$、v_8、v_{32}、v_{34}、v_{72}、v_{77}、v_{76}、v_{75}、v_{67}、v_{31}、v_{73}、v_{74}、v_{85}、v_3、v_{20}、v_{56}、v_{57}、v_{78}、v_{29}、v_{61}、v_{63}、v_{68}、v_{65}、v_{105}、v_{70}、v_{104}、v_{69}、v_{66}、v_{71}、v_{80}、v_{79}、v_{81}、v_{82}、v_{98}、v_{97}、v_{83}、v_{86}、v_{84}、v_{87}、v_{88}、v_{89}、v_{90}、v_{91}、v_{92}、v_{93}、$v_{99}\}$；

社区 2= $\{v_{49}$、v_{51}、v_{58}、v_{59}、v_{60}、v_{62}、v_{64}、v_{94}、v_{95}、v_{96}、v_{100}、v_{101}、v_{102}、$v_{103}\}$；

社区 3= $\{v_1$、v_2、v_4、v_6、v_7、v_{11}、v_{12}、v_{13}、v_{14}、v_9、v_{16}、v_{17}、v_{18}、v_{19}、v_{22}、v_{26}、v_{23}、v_{53}、v_{52}、v_{30}、v_{33}、v_{37}、v_{35}、v_{39}、v_{38}、v_{40}、v_{41}、v_{48}、v_{36}、v_{43}、v_{45}、v_{46}、v_{27}、v_{15}、v_{25}、v_{10}、v_{47}、v_{50}、v_{21}、v_{44}、v_{54}、v_{55}、v_{24}、v_{42}、$v_{28}\}$。

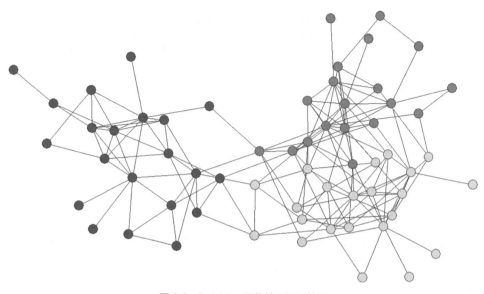

图 2.6　Dolphins 网络社区识别结果

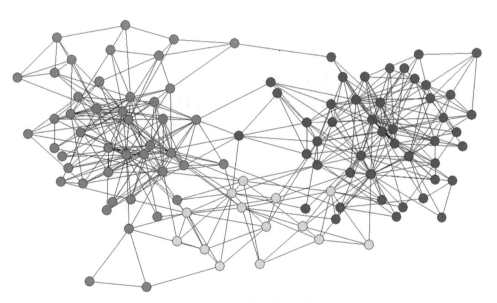

图 2.7　Polbooks 网络社区识别结果

表 2.2 显示了本章算法在各数据集上的运行情况，从中可见，本章算法在各数据集上均得到了与实际网络相符的社区数目，并在运行速度较快的情况下取得了较高的模块度，表明了算法的有效性和高效性。

表 2.2　本章算法在各数据集上的执行情况

网络名	模块度值	社区个数	执行时间（s）
Karate	0.39	2	0.01
Dolphins	0.51	3	0.05
Polbooks	0.43	3	0.34
Jazz	0.44	8	0.42

二、人工合成网络数据集

本章选取两类人工网络数据集对算法进行测试，分别为 Newman—Benchmark[105] 和 LFR—Benchmark[106]。人工基准网络是广泛应用于社区发现的模拟数据集，此类数据集具备真实网络中节点度分布及社区规模的无标度特性，其优势还在于具备真实网络所不具备的 Ground truth 社区结构。在算法性能对比方面，选取 LFM[107]、GCE[108] 和 CPM[109] 算法与本专著 LESA 算法进行比较，其中 CPM 算法取参数 $k=3$ 时的运行结果。

Newman—Benchmark 网络包含 128 个节点，32 个为一组，平均分为 4 组。然后为每个节点随机生成 16 个连接，以 z_0 个连接社区之间的节点，其余 $16-z_0$ 个连接社区内部节点。z_0 通常取 1—12 中的整数，值越大，社区内连接越松散，社区结构越模糊，一般只考虑 $z_0 \leqslant 8$ 的情况。

LFR—Benchmark 网络因其具备以下两方面优点而成为目前社区识别研究领域中最常用的人工测试数据集，用来评价算法的社区识别质量。

（1）真实地模拟了网络中节点度分布及社区大小的无标度性质。

（2）不仅具备已知的社区结构，而且社区之间具有重叠和层次效应。

LFR 模型定义为：

$$LFR\ model = (N, d, d_{\max}, \gamma, b, c_{\min}, c_{\max}, on, om, \mu) \tag{2-7}$$

其中，参数 N 表示节点的个数；d 和 $d_{\max}$ 分别表示网络中节点的平均度和最大度；γ 和 b 分别表示节点度和社区规模的幂率分布参数；$c_{\min}$ 和 $c_{\max}$ 分别代表最小社区包含节点的数量和最大社区包含节点的数量；on 为社区间重叠节点个数；om 为每个重叠节点连接的社区个数；混合系数 μ 代表了节点与社区外部连接的概率，μ 值越大，网络社区结构越模糊，当 $\mu > 0.5$ 时，网络的社区结构已经非常模糊，因此实验参数设置中常选取 $\mu < 0.5$ 时的网络结构进行分析。

对各算法的实验结果，本专著采用 NMI[110] 标准对各算法进行度量并对比分析。NMI 定义为：

$$NMI = \frac{-2\sum_{i,j} N_{ij} \log\left[\dfrac{N_{ij}N}{N_{i\cdot}N_{\cdot j}}\right]}{\sum_i N_{i\cdot} \log[\dfrac{N_{i\cdot}}{N}] + \sum_j N_{\cdot j} \log[\dfrac{N_{\cdot j}}{N}]} \tag{2-8}$$

其中，N_{ij} 指社区 i，j 中公共的节点数，N_i 是 N 中第 i 行求和，N_j 是 N 中第 j 列求和。NMI 的取值在 0 到 1 之间，取 0 时表示两种结果完全不一致，取 1 时表示完全一致。图 2.8 显示了各算法在 Newman—Benchmark 数据集上运行时 NMI 值的变化情况。

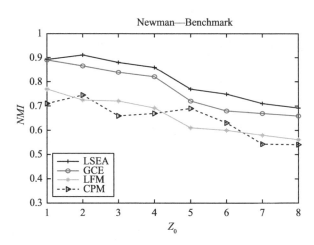

图 2.8 Newman—Benchmark 数据集中各算法的 NMI 比较

从图 2.8 分析可知，随着 z_0 的增大，网络的社区结构变得越来越模糊，给社区识别带来了越来越大的挑战，各算法的精度均产生了不同程度的下降。对比来看，本章算法 LSEA 总体上较有效，在 $z_0 < 4$ 时其表现与对比方

法大致相当，但随着 z_0 的增大，即社区结构趋于模糊时，较其他算法表现略优。

对 LFR 模型设置不同的参数可以生成不同类型的网络，本章实验中参数设置如下：节点数为 1000，混合参数设置为 0.1 至 0.5，节点的平均度为 20，最大度为 60，节点度的幂率分布系数为 −2，社区规模的幂率分布系数为 −1。

图 2.9 中列出了本章 LESA 算法与其他方法在 *NMI* 精度方面的对比效果，整体来看，*NMI* 值随着混合参数 μ 的增加呈下降趋势。当 μ 取 0.1 时，各算法运行结果的 *NMI* 值非常接近，随着 μ 的增加，CPM 算法的 *NMI* 值下降最明显，当 μ=0.5 时算法只识别出真实网络中不足一半的社区结构，可能的原因在于此时网络中只存在数量相当少的派系结构，因此，CPM 算法在初始时刻就无法找到展开派系扩张的局部核心社区。

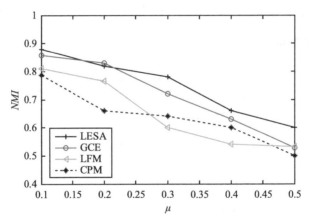

图 2.9 LFR—Benchmark 数据集中各算法的 *NMI* 比较

由图 2.10 可见，当 μ=0.1 时算法均表现出良好的性能，当 μ=0.2 时 LESA 算法所获得的模块度值略小于 GCE 算法，但随着社区模糊程度的增加，其性能保持相对占优。当 μ 取 0.3 至 0.5 时，CPM 算法所获得的模块度值最小，而其他 3 种算法取得的模块度值比较接近，但均低于 LESA 算法。基于以上分析可见，LESA 算法相较于其他算法，不仅能够识别出网络中结构相对紧密的社区，而且在社区结构变得模糊时仍能表现出良好的性能。

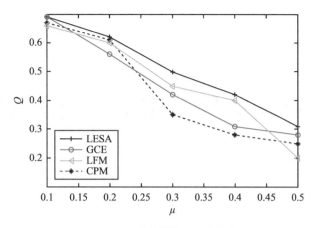

图 2.10　不同算法模块度 Q 值的对比

本章小结

　　本章设计了基于种子扩张的局部化社区识别算法 LSEA。首先提出一种节点影响力度量方法，然后根据局部影响力选择恰当的种子节点，并确定围绕种子节点形成的初始社区，再以适应度函数为目标函数，通过对目标函数的逐步寻优进行局部扩张，得到局部社区的最优解。不断地重复这个过程得到覆盖全网的多个局部社区。多算法性能比较表明 LSEA 算法在多数网络中表现出较高的精度，并且复杂度较低，执行效率高于其他同类算法。由于大多数网络社区间存在重叠节点，如何设计算法，能够将具有重叠结构的社区合理地呈现出来，是本专著下一步将要研究的问题。

第三章

基于拓扑势的局部化重叠社区识别

第一节 引 言

社会网络中社区的形成可以基于某种特定的社会关系，如同学、同事或亲属关系等，还可以基于某些共同的兴趣爱好，如对某电影、音乐或热门话题感兴趣而形成。起初大多数社区识别算法往往将这些关系割裂开来，围绕非重叠社区识别问题展开研究[111-113]。然而社会网络中的个体往往属于多个团体，如一个人会在多个社会群体中进行社交活动，即同时属于家庭、朋友、同学及同事等团体，一位科研工作者可能同时涉足多个研究领域，特别是随着在线社会网络的飞速发展，网络中的每个成员可能同时属于他感兴趣主题的多个社区，可见重叠现象是社区结构的重要特征。由此展开对重叠社区的识别更具理论和现实意义。目前有代表性的重叠社区识别算法主要包括基于派系过滤的方法、模糊识别方法、基于链接的识别方法和基于 Agent 的动态算法[114-119]等。其中，基于 Agent 的标签传播算法有计算效率高的优点，通常在线性时间内即可得到社区识别结果。但此类算法仍存在如下不足。

（1）需要根据先验知识进行参数设置，人为地设定重叠节点所属社区的数目。

（2）局部相似性度量时，对网络的拓扑结构影响考虑不足，只考虑节点的直接邻接节点。

（3）随机选择节点的处理顺序而导致划分结果的不确定性。

基于以上分析，本章设计了基于节点拓扑势的重叠社区识别方法。基本思想是利用网络拓扑结构作为指导来探测社区，首先，基于各节点的拓扑势动态确定其影响力范围阈值；其次，提出一种局部相似度度量方法，不仅考虑节点对间是否有边直接连接，而且考虑节点对的共同邻居及共同邻居之间的连边，从而合理地刻画节点对之间关系的紧密程度；再次，采用标签传播的策略，自适应地使用节点各自的阈值约束相似性矩阵，进行标签选择，从而使得重叠节点在网络中所占比例、各节点的重叠度更接近实际网络，整个社区识别过程不需要社区的数量和规模等先验信息，对社区的大小也没有限制，且具有良好的稳定性；最后，通过在真实网络数据和人工标准数据集上进行测试，验证了本专著算法的可行性和有效性。

第二节　节点的拓扑势场约束

本章利用节点间的拓扑结构建立关系图模型 $G=(V, E)$，其中 $V=\{v_1, v_2,\cdots,v_n\}$ 为节点组成的非空有限集，$E \subseteq V \times V$ 表示边的非空有限集。对于无权无向的简单网络，用 A 表示其邻接矩阵，当 v_1 和 v_2 间有边相连时，邻接矩阵元素 $a_{ij}=1$，否则 $a_{ij}=0$。节点的度定义为该节点的邻居数目，表示为 $d(v_i) = \sum_{j \in G} a_{ij}$。

场的概念最早是由英国物理学家法拉第提出，目的是用来描述自然界中非直接接触的物质粒子间相互作用[120]。拓扑势理论利用物理学中的核子场来描述网络中的节点及其相互作用，节点间的相互作用力被称为拓扑势，会随着网络拓扑距离的加大而快速衰减。因此，网络中聚集在某点周围的点越多、距其越近，则该点的拓扑势越大。根据拓扑势理论可知，高势值节点周围总会吸引着一些势值相对较低的节点。在物理学中，依据稳定有源场的势函数性质，把社会网络看作包含 n 个节点的物理系统，每个节点周围存在一个作用场，并且节点间存在相互作用力。位于场中的任何节点都将受到其他节点的影响，场内的这个影响具有局域特性，每个节点的影响力会随着网络距离的增长而快速衰减。大量研究表明[121]，代表短程场的势函数可以表达数据对象间的相互作用，其中最常用的为拓扑势函数，空间任一点的叠加拓扑势函数定义为式（3-1）：

$$G(X) = \sum_{j=1}^{n} m_j \mathrm{e}^{\frac{\|X - X_j\|^2}{\sigma^2}} \tag{3-1}$$

其中，影响因子 σ 用于控制节点的影响范围，m_j 表示节点 v_j 的质量、权重等固有属性。在社区识别的研究中可以忽略节点的固有属性的差异，并假设满足归一化条件，则 $\forall v_i \subseteq V$ 的拓扑势函数可简化为式（3-2），称为拓扑势[108]：

$$G_{v_i}(\sigma) = \frac{1}{n} \sum_{j=1}^{n} \mathrm{e}^{-\left(\frac{hop_{ij}}{\sigma}\right)^2} \tag{3-2}$$

其中，hop_{ij} 指节点 v_i 的邻居 v_j 与初始节点 v_i 的距离，为自然数构成的集合，n 代表节点 v_i 的邻居数。当一个连通网络中的节点总数为 n 时，每个节点的邻居总数为 $n{-}1$，即除节点本身之外的其他全部节点均为其邻居。节点影响范围的优化 σ 则由式（3-3）确定：

$$\sigma_{opt} = \arg \min H(\sigma) \tag{3-3}$$

其中，$H(\sigma)$ 为拓扑势熵，定义式表达为式（3-4）：

$$H(\sigma) = -\sum_{i=1}^{n} \frac{G_{v_i}(\sigma)}{Z(\sigma)} \ln \frac{G_{v_i}(\sigma)}{Z(\sigma)} \tag{3-4}$$

其中，$Z(\sigma)$ 为标准化因子，具体表达为：

$$Z(\sigma) = \sum_{i=1}^{n} G_{v_i}(\sigma) \tag{3-5}$$

根据拓扑函数的数学性质，确定了优化影响因子 σ_{opt} 后，节点的影响力跳数为：

$$h = \left\lfloor 3\sigma_{opt} / \sqrt{2} \right\rfloor \tag{3-6}$$

各节点的拓扑势可通过式（3-7）简化计算：

$$G_{v_i}(\sigma_{opt}) = \frac{1}{n} \sum_{j=1}^{h} n_j(v_i) \times \mathrm{e}^{-\left(\frac{j}{\sigma_{opt}}\right)^2} \tag{3-7}$$

其中，$n_j(v_i)$ 为节点 v_i 的第 j 跳邻居节点数。

下面我们通过实验论证 σ 的取值对节点拓扑势值的影响。选取四个社区结构已知，并且被广泛应用的真实网络进行实验测试，各数据集的节点数及边数等信息如表 3.1 所示。

表 3.1 真实世界网络数据集

网络名	节点数	边数
Karate	34	78
Dolphins	62	159
Polbooks	105	441
Football	115	613

其中 Karate、Dolphins 及 Polbooks 网络同第二章所述，这里 Football 网络[122]是美国大学 2000 年秋季大学生橄榄球比赛对阵情况，参赛球队共 115 支，比赛共进行了 613 场，从而形成了数据集的节点和连边关系。根据地理位置将球队划分为 12 个联盟，各联盟内部比赛场次更加频繁，从而形成了清晰的真实社区。

选择规模较小的数据集优势在于，便于观测每个节点的拓扑势值随参数 σ 的变化情况，方便从中选取度数差别较大的代表节点作对比分析，如从中搜索到度数最大的节点与度数最小的节点，分别得到其拓扑势值随参数 σ 的变化情况。本实验在每个数据集上分别选取度值相差较大的 6 个节点，其拓扑势值的变化曲线如图 3.1 所示。

从图 3.1 的比较分析中可知，具有不同规模及不同度分布的数据集存在以下共同特点：

（1）σ 取（0,5）区间的值时，拓扑势的变化较大，当 $\sigma > 5$ 时，拓扑势均趋向于收敛。从实际意义上考虑，即超过一定的跳数后，节点的影响力趋于稳定。

（2）给定一个 σ 值后，度大的节点，拓扑势值相对较大，即网络密集区域的节点拓扑势值较大，而稀疏区域的拓扑势值较小，这与现实情况恰好吻合。

（3）拓扑势值可用来估计网络的密集程度。

（4）拓扑势值并不完全取决于节点的度值，还与网络的拓扑结构密切相关，例如，在 polbooks 网络中，观察度为 25 的节点 v_{13} 和度为 4 的节点 v_{103}，其度值相差很大，而拓扑势值分布曲线接近重合，在 dolphins 网络中也有类似的情况，

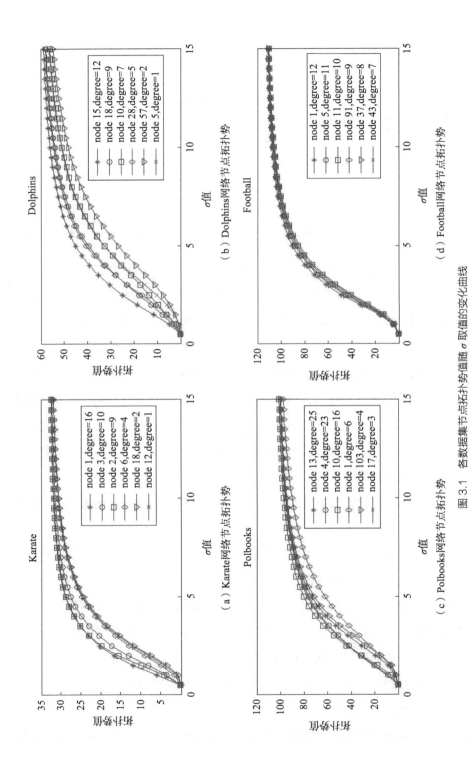

（a）Karate网络节点拓扑势

（b）Dolphins网络节点拓扑势

（c）Polbooks网络节点拓扑势

（d）Football网络节点拓扑势

图3.1 各数据集节点拓扑势值随 σ 取值的变化曲线

例如，节点 v_{15} 与节点 v_{10} 的度分别为 12 和 7，相差较大，而其拓扑势值却很接近。因而拓扑势值有效地反映出节点的影响力范围。

第三节　局部相似性度量

聚类算法一般采用特定的方法度量对象间的距离，即衡量对象间的相似性或相异性，相似性越大，相异性越小；反之亦然。在社会网络社区识别的研究中，同样需要定量地刻画不同节点归属同一社区的概率，即度量节点间距离。目前常用的局部相似性度量有 *Jaccard* 指标、*Salton* 指标、*Sorenson* 指标、优先连接指标、资源分配指标等[123-126]，不同的相似度指标往往针对特定的问题达到最优效果，例如某些在链接预测中效果明显的度量指标却不适用于社区识别问题。

本章针对重叠社区识别问题，紧紧围绕节点自身信息和其邻居信息提出一种局部相似性度量指标。首先考虑节点间是否有直接连边，这一点在传统的相似度度量中往往没有考虑。然后从节点的邻居节点的角度进行考查，节点间的共同邻居数量越多，且这些共同邻居间的联系越多，则节点对间的关系越紧密。基于以上分析，对 *Salton* 指标进行扩展，*Salton* 指标定义为：$S(v_1,v_2)=\left|\Gamma(v_1)\bigcap\Gamma(v_2)\right|\big/\sqrt{d(v_1)\cdot d(v_2)}$，其中 $\left|\Gamma(v_1)\bigcap\Gamma(v_2)\right|$ 表示节点 v_1，v_2 的共同邻居数，$d(v_1)$，$d(v_2)$ 分别代表节点 v_1，v_2 的度数。本章提出式（3-8）作为衡量节点相似度的计算准则，选取节点间直接连边、节点的共同邻居和共同邻居间的连边情况共三个特征进行局部相似度计算。简称为 *LSim*，表达式为：

$$LSim(v_1,v_2)=\frac{\left|E(v_1,v_2)\right|+\left|\Gamma_G(v_1)\bigcap\Gamma_G(v_2)\right|+\left|E(G[\Gamma_G(v_1)\bigcap\Gamma_G(v_2)])\right|}{\sqrt{d(v_1)\cdot d(v_2)}} \quad （3-8）$$

其中，$\Gamma_G(v)$ 表示图 G 中节点 v 的邻居节点，在不引起混淆的情况下将省略 G，直接表示为 $\Gamma(v)$；$|E(v_1,v_2)|$ 表示节点间的直接连边，如果 v_1，v_2 间有边直接相连，其值为 1，否则为 0；$\left|\Gamma_G(v_1)\bigcap\Gamma_G(v_2)\right|$ 和 $\left|E(G[\Gamma_G(v_1)\bigcap\Gamma_G(v_2)])\right|$ 分别表示节点 v_1，v_2 的共同邻居数和 v_1，v_2 共同邻居节点之间的连边数。

这种相似性度量，修正了传统局部相似性指标在社区识别时对已存在连接对相似性贡献的有偏估计，并且将通过一个中介节点到达第三方节点的连接贡献考虑进来，从而从拓扑结构角度更加全面地刻画了网络节点的局部相似性。

第四节　拓扑势场约束的局部化重叠社区识别算法

一、算法策略

本章改进 LPA[127]算法的传播、接收和终止准则，与节点的拓扑势场相结合，以实现重叠社区识别。

初始时刻，随机组织节点的顺序并为每个节点分配一个独有的标签，然后根据局部相似度度量矩阵及节点的拓扑势值进行标签选择，循环迭代直至得到稳定的社区识别结果为止。

在传播准则方面，通过局部相似性计算，将原始网络的邻接矩阵 A 更新为加权的相似度矩阵 $LSim$，矩阵元素的值越大，两节点越倾向于持有同样的标签，从而归属同一社区，因此将其归一化后作为节点的标签传播转移概率矩阵。

在接收准则方面，设计一个有效的阈值截断策略，对标签传播转移概率矩阵进行过滤。本章算法将节点间相似性值小于节点拓扑势场阈值的标签截断，在阈值限制下仍保留的多个标签作为节点最后的标签，其值标准化后即为该节点归属不同社区的隶属度。

根据 3.2 节的分析知，σ 值确定以后，网络中所有节点的拓扑势值构成一个长度为 n 的向量。依据每个节点的拓扑势值，可设定各节点不同的阈值，作为进行标签截断的限制值。在 $LSim$ 矩阵中，针对每个节点标签更新概率的行向量，使用拓扑势场约束阈值进行过滤，将行向量中值小于阈值的清除，保留一个或多个大于阈值的，得到过滤后的 $LSim$ 矩阵。如果相似性矩阵中所有值均小于设定的阈值，则保留其最大值。这种操作基于拓扑势场的数学性质，如果一个节点的拓扑势场值越大，它越可能是某个社区的核心，则其成为重叠节点的可能性越小，相反，如果拓扑势场值越小，它越可能是社区间的边缘节点，其重叠度越大。在阈值限制下，仍保留多个标签的节点即为重叠节点，进而根据节点拥有标签的情况得到重叠社区。在传统的标签传播算法中，截断阈值固定取 $1/n$（n 代表节点最大的可能重叠度），把周围相邻节点视为同等重要，没有全面考虑网络的拓扑结构对节点影响力的作用，而本章算法充分考虑了不同拓扑结构对节点影响力的作用，根据各节点的影响力不同动态确定各节点的影响力阈值。

基于上述分析，本节给出基于拓扑势场约束的局部化重叠社区识别算法 LST，描述如下：

算法 3.1　基于拓扑势场约束的局部化重叠社区识别算法 LST

输入：网络 $G=(V, E)$，n 为节点数。

输出：社区 $C_1, C_2, \cdots, C_t$。

//Step1: 初始化。

（1）为每个节点分配唯一的标签。

（2）Label（i）=i

//Step2: 计算各节点的拓扑势值，作为标签选择的截断阈值。

（3）For i=1 to n

（4）　　Top（i）← 使用公式（3-7）计算拓扑势的值。

（5）End for

//Step3: 使用式（3-8）计算节点对间的局部相似度，得到相似性矩阵 $LSim$。

（6）For i=1 to n

（7）　　For j=1 to n

（8）　　　　$LSim$（i, j）← 使用公式（3-8）计算拓扑势的值。

（9）　　End for

（10）End for

（11）Repeat

//Step4:

（12）随机排列节点的顺序。

//Step5: 标签选择更新。

（13）For all node i

（14） If $LSim(i,j) > \text{Top}(i)$

（15）   Label$(i) \leftarrow$ Label$(i) \cup$ Label(j)

（16）   Else Label$(i) \leftarrow$ Label$(i) \cup$ Label$(\text{Max}LSim(i,j))$

（17）   使用公式（3-8）更新节点局部相似性 LSim 的值。

（18）   End if

（19）End for

（20）直至满足终止条件。

（21）$C_i \leftarrow$ 具有相同标签的节点。

（22）Output $C_1, C_2, \cdots, C_t$

二、算法的终止条件

传统的标签传播算法以节点的标签满足如式（3-9）所示的条件为结束条件，即每个节点更新为其邻居节点标签中的最大者且再没有新的标签改变时结束，但这种策略不适用于重叠社区识别算法。实验证明，本章 LST 算法对各类拓扑结构及不同规模的网络，都会在有限次迭代后得到一个稳定的划分结果。经过反复测试，20 次以上的迭代结果趋于稳定。故设置迭代次数为大于 20 的值得到稳定的社区识别结果。

$$c_v = \text{argmax} \left| N^l(v) \right| \qquad (3-9)$$

其中，$N^l(v)$ 表示节点 v 的邻居中拥有标签 l 的节点集合。

三、算法复杂性分析

分析上述算法步骤，核心之一是如何测量网络中节点间的相似度，而不是直接使用邻接矩阵同等地对待每一个邻居节点。第三节给出的局部相似性度量方法中，$LSim$ 矩阵的初始化只需每个节点附近的局部搜索，其执行时间复杂度为 $O(n+l)$。算法的另一核心问题在于如何动态设置截断阈值，从相似性矩阵中提取出包含重叠归属节点的社区，根据第二节的分析可知，基于拓扑势理论的动态阈值设定算法执行时间复杂度为 $O(n)$。鉴于本章采用具有线性时间复杂度的标签传播策略，在每次标签传播后只需更新相似性矩阵，清除被改变标签节点所在的行和列，又由于无向网络的相似性矩阵具有对称性，只需存储上三角部分，故其操作的时间复杂度接近线性，整个算法总的时间复杂度为 $O(n+l)$。

第五节　实验结果及分析

算法总体上采用标签传播算法策略，其有效性表现在传播速度快、经过有限次的迭代后结果趋于收敛等方面。为了进一步评价算法的性能，本节分别在参数分析、迭代后稳定节点比率、重叠模块度值及聚类质量等方面对算法进行分析。

算法的实验环境为：Intel（R）Pentium（R）处理器，3.0GHz CPU，2.0GB内存，160GB 硬盘，Microsoft Windows 7 操作系统，程序语言使用 C++ 与 Matlab 混合编程。

一、评价标准

衡量社区识别结果优劣的标准主要分为基于模块度和基于平均导电率函数的方法。2004 年，Newman 等人提出了一个可定量评价网络社区优劣的度量标准[128]，称为网络模块度函数 Q，如式（3–10）所示：

$$Q = \sum_v (e_{vv} - a_v^2) \tag{3–10}$$

其中，e_{vv} 表示每个社区 v 内部节点之间的连边数占整个网络边数的比例，a_v 表示一端与社区 v 中节点相连的连边占整个网络中边数的比例。

基于优化的社区识别算法即是以 Q 函数为目标函数进行组合优化。后续 Shen 等人[73]又将 Q 函数改进，提出了衡量重叠社区识别质量的扩展模块度 EQ，定义为：

$$EQ = \frac{1}{2m} \sum_i \sum_{v \in C_i, w \in C_i} \frac{1}{O_v O_w} \left[A_{vw} - \frac{k_v k_w}{2m} \right] \tag{3–11}$$

其中，m 表示网络中的边数，C_i 表示第 i 个社区，O_v 表示节点 v 所属的社区数，k_v 表示节点 v 的度。当每个节点归属唯一的社区时，EQ 退化为 Q，当所有节点划分成一个社区时，EQ 值取为 0。模块度取值一般在 0.3 至 0.7 之间，一个给定的网络的模块度越大，社区识别效果越好，而平均导电率的值越小，社区识别的效果越好。在实验分析部分，将本章算法 LST 与几种具代表性的重叠社区识别算法得到的模块度值进行比较分析。

二、实验分析

实验 1　算法参数 σ 分析

为了直观表示参数取值 σ 对划分结果的影响，本章实验首先选取小规模数据集进行分析。使用表 3.1 所列的 4 个真实网络数据，采用式（3-8）计算其局部相似性得到 $LSim$ 矩阵。根据第三节的参数分析，在节点的拓扑势值计算过程中，σ 选择区间（1，5），在此区间内分析社区识别结果，使用式（3-11）定义的重叠模块度 EQ 进行测量，得到 σ 值与 EQ 的关系如图 3.2 所示。

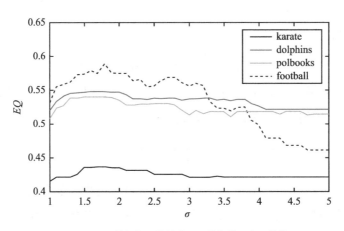

图 3.2　不同数据集上模块度 EQ 随参数 σ 变化趋势

多数据集的比较分析说明：

（1）σ 取值趋近于 1.5 时 EQ 值达到最大，随着 σ 值的增大，EQ 逐渐收敛，当 σ 大于 4 时 EQ 值趋于稳定，仅个别值点可能产生抖动。

（2）针对 4 个不同数据集，在本章算法得到的划分结果中，最好情况下的 EQ 分别为：karate 0.4203，dolphins 0.5302，polbooks 0.5368，football 0.5887。在前 3 个数据集上效果均优于经典标签传播算法。

　　针对以上数据集，在各区间段内取不同的 σ 值，得到不同的社区识别结果如图 3.3~ 图 3.5 所示。其中，图 3.3（a）~（c）为 karate 网络、图 3.3（d）~（f）为 dolphins 网络、图 3.4（a）~（c）为 polbooks 网络、图 3.5（a）~（c）为 football 网络在不同参数时对应的网络社区。

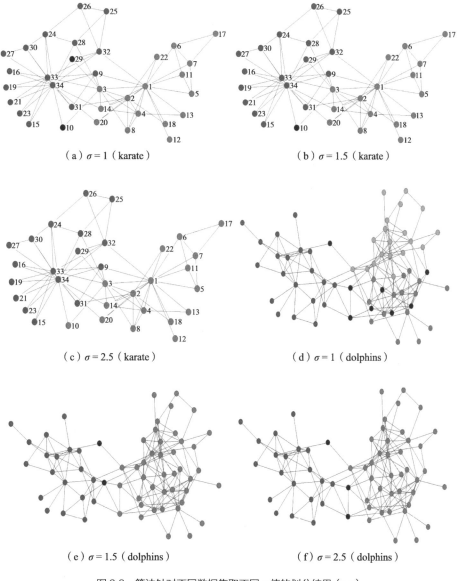

图 3.3　算法针对不同数据集取不同 σ 值的划分结果（一）

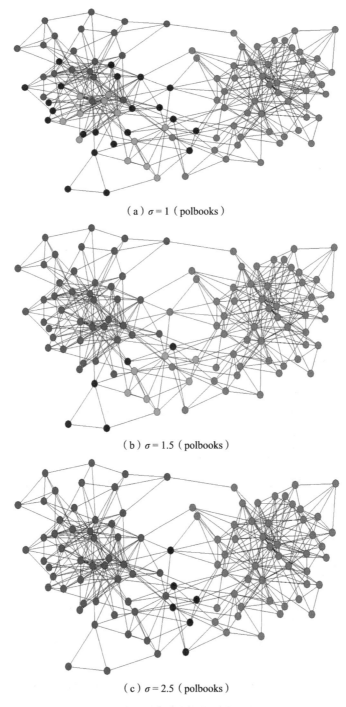

（a）$\sigma = 1$（polbooks）

（b）$\sigma = 1.5$（polbooks）

（c）$\sigma = 2.5$（polbooks）

图 3.4　算法针对不同数据集取不同 σ 值的划分结果（二）

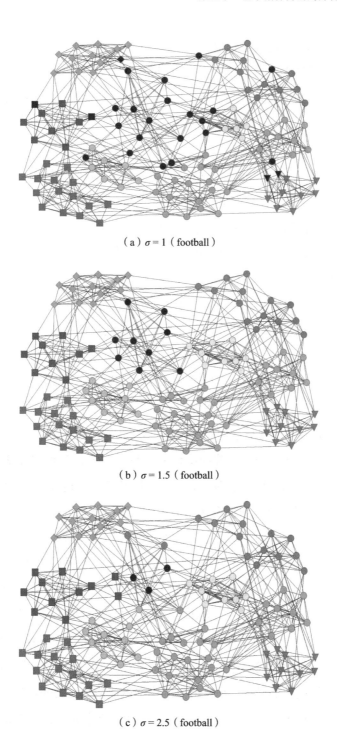

（a）$\sigma = 1$（football）

（b）$\sigma = 1.5$（football）

（c）$\sigma = 2.5$（football）

图 3.5　算法针对不同数据集取不同 σ 值的划分结果（三）

对每个数据集，σ 值分别取为 1、1.5 和 2.5 时得到不同的划分结果。根据式（3-7），σ 值越大，节点的拓扑势越小，划分结果中的重叠节点数目越少，对应的重叠度不同，模块度也不同，σ 取 1.5 时，EQ 值最大，重叠节点数目达到最多。

实验 2　算法收敛性分析

为了对标签传播的收敛性进行分析，我们采用社区结构已知的人工网络进行测试。目前广泛采用的基准网络分别是 Newman 提出的 GN 基准测试（GN Benchmark）[23] 和 Lancichinetti 提出的 LFR 基准测试（LFR Benchmark）[129]。由于 GN Benchmark 不具备真实网络社区结构中节点的度和社区规模呈异构分布及社区重叠等特性，我们采用 LFR Benchmark 进行分析。对 LFR Benchmark 的参数设置为：节点数从 1000 到 30000，混合参数设置为 0.3，节点的平均度为 40，最大度为 100，节点度的幂率分布系数为 -2，社区规模的幂率分布系数为 -1。

本部分将算法 LST 与 RAK、COPRA、LPAm 和 LPAm+ 等多种经典算法进行对比分析。选取不同规模的真实世界网络，执行若干次迭代，达到稳定状态的节点比率随节点数目变化的趋势如图 3.6 所示。其中横坐标表示网络中节点的数目，纵坐标表示经过某次迭代后达到稳定状态的节点所占的比率。

从图 3.6 中观察可知，随着标签传播次数的增加，节点的标签趋于稳定的比率不断增加，而节点数目越多，收敛的速度越慢。在迭代次数相同的情况下，本章 LST 算法使得节点达到稳定状态的比率稍高于其他同类算法。

一些节点数目相当的网络，由于其实际意义不同，因而链接数目会相差悬殊。下面从链接关系角度对算法的收敛性进行分析，链接关系体现在图中即边，节点数目相当的情况下，边数越多，则节点的平均度越大，也即网络结构越紧密，在标签的一次传播结束后，达到稳定状态的节点也越多。本章算法中截取多次传播后的状态，分析结果如图 3.7 所示，其中横坐标表示网络中链接的数目，纵坐标代表经过某次迭代后达到稳定状态的节点所占的比率。从图的比较分析中可知：随着传播次数的增加，稳定节点的比率迅速增长，其变化趋势与节点数目迅速增长时达到稳定状态的节点的比率呈下降的趋势相反，因为链接越多，节点的平均度越大，则标签传播越迅速，故到达稳定状态的节点比率呈上升趋势。

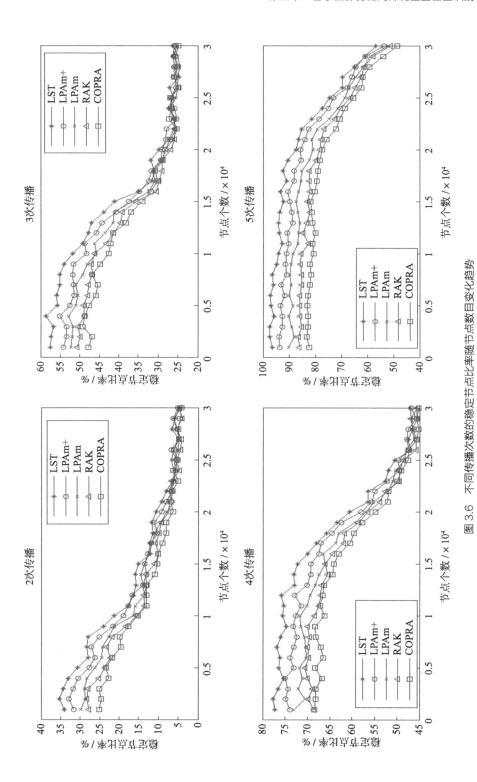

图 3.6 不同传播次数的稳定节点比率随节点数目变化趋势

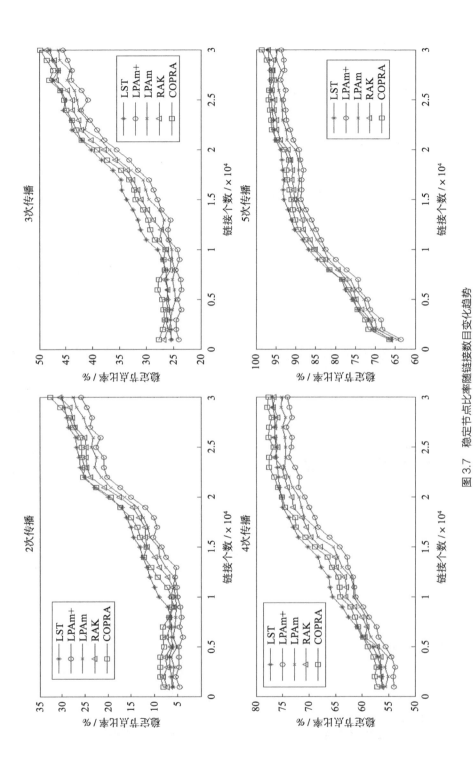

图 3.7 稳定节点比率随链接数目变化趋势

上述基于节点和基于边的实验分析表明，本章算法适用于节点数目多、各节点的重叠度较小的重叠社区识别问题。与同类算法的对比可见，无论在整体性能还是稳定性方面均表现出优势。

实验 3　真实数据集对比分析

为了定量地衡量本章算法 LST 的性能，还在大量的真实数据集上对本章算法进行了测试。真实世界网络通常与计算机生成网络具有不同的拓扑特征，下面的实验针对表 3.2 所示的 14 种真实社会网络数据集展开，其中包括了上文作参数分析时选取的四个真实网络数据集。在每个数据集上根据网络规模的不同，分别执行算法 2 到 1000 次，取运行结果中模块度的最大值。对比本章算法和其他 5 种算法划分结果的最大模块度值，这些算法包括 RAK、LPAm、LPAm+、COPRA 以及 LFM。模块度的具体值如表 3.2 所示，其中部分算法的结果数据引自 Šubelj 等人[130]的研究成果。由于不同的网络结构，其社区结构的强弱有所差别，如 netsci 网络由于其本身的社区聚集性较强，使用本章算法得到最优模块度值 0.862。

表 3.2　真实网络上不同算法的聚类质量

网络名	节点数	边数	RAK	LPAm	LPAm+	COPRA	LFM	LST
karate	34	78	0.416	0.399	0.420	0.402	0.417	0.420
dolphins	62	159	0.529	0.516	0.529	0.503	0.531	0.530
polbooks	105	441	0.526	0.522	0.527	0.492	0.533	0.536
football	115	613	0.606	0.604	0.605	0.598	0.606	0.588
elegans	453	2025	0.421	0.409	0.452	0.413	0.448	0.468
jazz	198	2742	0.443	0.445	0.445	0.716	0.591	0.663
netsci	1589	2742	0.902	0.824	0.831	0.812	0.848	0.862
asi	22963	48436	0.511	0.532	0.549	0.501	0.539	0.539
emails	1133	5451	0.557	0.537	0.582	0.506	0.562	0.579
power	4941	6594	0.612	0.581	0.626	0.583	0.592	0.618
blogs	1490	16718	0.426	0.672	0.713	0.748	0.739	0.740
pgp	16080	24340	0.754	0.841	0.884	0.811	0.855	0.872
yeast	2114	4480	0.694	0.702	0.713	0.688	0.711	0.719
codmat[3]	27519	116181	0.616	0.582	0.755	0.675	0.662	0.742

为了更直观地对比各算法的性能，使用如图 3.8 所示直方图描述各算法在不同数据集上运行结果的模块度最优值。

实验结果表明，LST 算法在大多数数据集上划分结果的模块度值能够接近或超过其他同类算法，在模块度的评价标准下具有良好的社区识别效果。

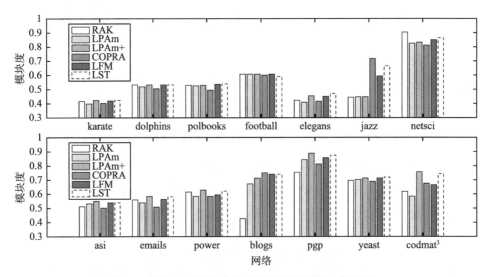

图 3.8　算法在不同数据集上划分结果的最优模块度值比较

本章小结

本章提出了一种基于拓扑势的局部化重叠社区识别算法 LST，定义了一种新的网络节点局部相似性度量方法，依据拓扑势理论计算节点的拓扑势值，借鉴具有线性复杂度的标签传播策略，在标签更新时根据节点的拓扑势场阈值与节点间相似性的关系动态进行选择，经过有限次迭代后结果趋于稳定，持有相同标签的节点归属同一社区。算法的优势主要体现在：

（1）无须根据先验知识设置社区数目及重叠度等参数，能够自适应地识别出具有重叠结构的社区，同时得到节点的重叠度及重叠节点在整个网络中所占的比例。

（2）充分利用网络节点的拓扑势值及网络的局部拓扑结构，避免了传统局部相似性度量指标对直接连接的节点间相似性的有偏估计。

（3）划分结果稳定性好，且执行效率高，具有线性时间复杂度。

如何将节点为研究对象的标签传播算法扩展至以链接为研究对象，并设计更适合重叠社区识别的度量标准是我们下一步研究要考虑的问题。

第四章

基于链接相似性聚类的重叠社区识别

第一节 引 言

社区结构是社会网络最普遍和重要的拓扑属性之一，网络社区在信息传播与推荐、舆情预警、链接预测等领域中有重要作用，因而社区识别成为当前的研究热点。

目前社会网络社区识别领域已有大量的研究成果，从社区识别结果上可分为两大类，即硬社区识别和重叠社区识别。硬社区识别算法深受各领域学者的广泛关注，福尔图纳托（Fortunato）等人在综述文献中对此类算法进行了详尽的分析和对比。随着研究的深入，研究者发现重叠现象是社会网络的重要特征，进而展开了重叠社区识别的研究，当前有代表性的重叠社区识别算法有基于派系的方法、基于拓扑势的方法、局部扩展优化方法、模糊探测法和基于 Agent 的动态算法[131]等。

将网络抽象表达为图后，网络中的实体及实体间的联系表现为图中的节点和链接。目前的研究往往过多地关注节点信息，而忽视了链接信息，多数算法均以节点的邻接矩阵为处理对象而鲜见以链接为研究对象进行展开。最近一些学者开始注意到构建链接图、对链接进行分析从而揭示重叠社区的优势，如非重叠的链接社区间对应着部分重叠节点，自然对应着节点的重叠社区[132-133]。链接图还具备许多优良性质，使我们从一个完全不同的视角去看待一个网络，从而得到关于其结构的新信息，适用于社区识别的研究。

埃文斯（Evans）等人[134]开创性地对网络中的链接进行划分，将原始网络转换成线图，根据节点度分布的异构性提出了加权线图的构建方法，然后用基于随机游走的方式挖掘社区。安（Ahn）等人[135]提出了基于链接相似性的层次聚类方法划分链接社区，并给出了划分密度函数 PD 来截取最优结果，其研究成果发表在世界顶级刊物《自然》。金姆（Kim）等人[136]将传统基于节点的 Infomap[137]方法通过改进编码规则扩展至基于链接的形式，并基于网络的拓扑结构给出了定量判断网络适合使用节点社区识别还是链接社区识别的标准。潘磊等人[138]通过局部优化的方式挖掘链接社区，首先通过排序算法选择种子链接，然后优化一个适应度函数，进行种子扩张吸收周围的链接进入社区，不断迭代进而获取多个局部链接社区。何东晓等人[139]充分考虑马尔可夫动态性和社区结构的关系，使用马尔可夫随机游走的方法使社区呈现，再基于马尔可夫链的局部混合属性，设计有效的截方法抽取呈现出的社区结构。布莱恩·鲍尔（Brain Ball）等人[140]提出一个用于探测链接社区的统计学方法，采用随机块网络生成模型，给出了快速的期望最大化算法，该算法能够处理包含上百万个节点的大规模网络，并给出了一种链接社区基准网络的生成方法。

尽管基于链接的社区识别算法得到了一定的研究并取得了一些成果，但目前此类算法还存在以下问题：

（1）使用局部相似性度量对链接相似性的估计产生偏差，而使用全局相似性度量计算复杂度过高。

（2）将链接社区转换为节点社区时存在过度重叠社区或冗余孤立社区。

此外，随着网络结构日趋复杂，社区识别的难度不断加大，如何准确、有效地识别网络中具有重叠性的社区，仍面临巨大挑战，值得进一步研究。

针对以上问题，本章以网络中的链接为研究对象，提出一种基于链接相似性聚类的重叠社区识别算法 LinkCom。算法首先将研究主体进行转换，从节点的邻接矩阵出发，以节点 – 边的关联矩阵为过渡，无损转换为边 – 边邻接矩阵。基于此提出一种局部边相似性度量方法，构建 Link 相似度矩阵，以链接相似性矩阵为输入，以链接社区的最优划分为目标，建立链接局部相似性聚类算法，建立链接聚类树，并设计有效的截断策略截取最优 Link 社区；其次通过设置重叠率阈值对链接社区进行优化，解决了可能出现的过度重叠及孤立社区问题；最后在真实网络及人工合成网络上的实验验证了算法的高效性。

本章的主要贡献在于：

（1）提出一种关联矩阵的构造方法，将传统社区识别研究对象的节点间邻接矩阵无损转换为链接关联矩阵，进而构造出链接图。

（2）提出一种局部边相似性度量方法，合理地刻画链接图中对象之间的相似性。

（3）提出重叠社区识别算法 LinkCom，既克服了节点硬划分的问题，又避免了边社区识别中过度重叠及冗余社区的出现。

本章后续部分按以下结构展开：第二节介绍了链接图的相关概念及构造方法；第三节给出链接的局部相似性度量的方法；第四节设计链接层次聚类算法，并提出链接社区向节点型社区的转换及优化算法，实现重叠社区识别；第五节进行算法参数讨论及实验分析；第六节总结本章研究内容并提出未来工作的展望。

第二节　相关概念

设无权无向网络表示为图 $G(E, V)$，其中，$E(G) = \{l_{ij}|v_i, v_j \in V\}$ 为边的集合，$V(G) = \{v_i|i=1,\cdots,N\}$ 为节点的集合，$L=|E(G)|$ 为边的总数量，$N=|V(G)|$ 为节点的总数量。通常对于密集图，边和节点的关系为 $L=O(N^2)$，而对于稀疏图为 $L=O(N)$。

定义 4.1　点邻接矩阵（node-node）

图 G 的节点间邻接矩阵 A 为 $N \times N$ 阶的对称方阵，其中 N 表示 G 中的节点个数，其元素 A_{ij} 取值为 0 或 1，当 v_i 与 v_j 有边相连时 $A_{ij}=1$，否则 $A_{ij}=0$。鉴于邻接矩阵的对称性，可提取其上三角阵（或下三角阵）进行存储和运算，以节约存储空间并提高运算效率。

定义 4.2　关联矩阵（node-link）

图 G 的关联矩阵 B 为 $N \times L$ 的非对称矩阵，其元素表示为 $B_{i\alpha}$，其中 i 表示节点，α 表示边。边的编号规则为：在点邻接矩阵 A 的上三角矩阵中，从第一个不为零的元素开始，按行优先顺序搜索，以自然数顺序对非零元素进行编号，得到链接序列。在关联矩阵 B 中，如果节点 i 与边 α 相关联，则 $B_{i\alpha}=1$，否则 $B_{i\alpha}=0$。关联矩阵表示图中节点与链接的关系，因此通过图 G 的关联矩阵可以推导出每个节点的度 k_i 和每条边所关联的节点数目 k_α 的关系，表达为：

$$k_i = \sum_{\alpha=1}^{L} B_{i\alpha}, \quad k_\alpha = \sum_{i=1}^{N} B_{i\alpha} \tag{4-1}$$

定义 4.3 链接图

给定一个图 G，其链接图 $L(G)$ 是以 G 中的边为研究对象，通过边之间拥有公共节点的情况构造其拓扑结构，当 G 中两条边拥有一个公共节点时，链接图中两元素相邻。链接图满足 $V(L(G))=E(G)$，其元素记为 l_a，其中 $\alpha=1,\cdots,L$。

图 4.1 显示了 9 个节点组成的网络，节点以自然数顺序编号。在链接社区识别的研究中，根据上述定义，先将节点图映射到链接图，然后针对链接图展开研究。对图 4.1 中的 13 条链接，按照定义 2 的链接编号规则，得到图 4.2 所示的链接关系图。

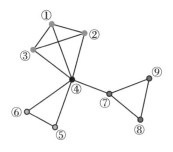

图 4.1 网络的节点关系

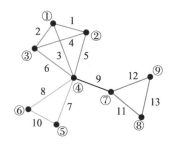

图 4.2 网络的链接关系

定义 4.4 链接图邻接矩阵（Link-Link）

图 G 的链接邻接矩阵 E 为 $L \times L$ 的对称矩阵，L 表示图 G 中链接的数目，矩阵元素记为 $E_{\alpha\beta}$，其中 $\alpha, \beta=1,\cdots,L$。当图 G 中两条边拥有一个公共节点时 $E_{\alpha\beta}=1$，否则 $E_{\alpha\beta}=0$。

根据上面的定义，可得节点邻接矩阵 A、关联矩阵 B 及链接图邻接矩阵 E 三者之间的映射关系为：

$$A_{ij} = \begin{cases} \sum_{\alpha=1}^{L} B_{i\alpha} B_{j\alpha} & (i \neq j) \\ 0 & (i = j) \end{cases} \tag{4-2}$$

$$E_{\alpha\beta} = \begin{cases} \sum_{i=1}^{N} B_{i\alpha} B_{i\beta} & (\alpha \neq \beta) \\ 0 & (\alpha = \beta) \end{cases} \tag{4-3}$$

针对图 4.2 所示的网络链接关系图，在商业数学软件 MATLAB 环境中得到其邻接矩阵 A（鉴于其对称性，为节约存储、提高效率，取其上三角阵）、关联矩阵 B 及链接图邻接矩阵 E 分别为：

$$A = \begin{bmatrix} 0 & 1 & 1 & 1 & 0 & 0 & 0 & 0 & 0 \\ 0 & 0 & 1 & 1 & 0 & 0 & 0 & 0 & 0 \\ 0 & 0 & 0 & 1 & 0 & 0 & 0 & 0 & 0 \\ 0 & 0 & 0 & 0 & 1 & 1 & 1 & 0 & 0 \\ 0 & 0 & 0 & 0 & 0 & 1 & 0 & 0 & 0 \\ 0 & 0 & 0 & 0 & 0 & 0 & 0 & 0 & 0 \\ 0 & 0 & 0 & 0 & 0 & 0 & 0 & 1 & 1 \\ 0 & 0 & 0 & 0 & 0 & 0 & 0 & 0 & 1 \\ 0 & 0 & 0 & 0 & 0 & 0 & 0 & 0 & 0 \end{bmatrix}$$

$$B = \begin{bmatrix} 1 & 1 & 0 & 1 & 0 & 0 & 0 & 0 & 0 & 0 & 0 & 0 & 0 \\ 1 & 0 & 1 & 0 & 1 & 0 & 0 & 0 & 0 & 0 & 0 & 0 & 0 \\ 0 & 1 & 1 & 0 & 0 & 1 & 0 & 0 & 0 & 0 & 0 & 0 & 0 \\ 0 & 0 & 0 & 1 & 1 & 1 & 1 & 1 & 0 & 1 & 0 & 0 & 0 \\ 0 & 0 & 0 & 0 & 0 & 0 & 1 & 0 & 1 & 0 & 0 & 0 & 0 \\ 0 & 0 & 0 & 0 & 0 & 0 & 0 & 1 & 1 & 0 & 0 & 0 & 0 \\ 0 & 0 & 0 & 0 & 0 & 0 & 0 & 0 & 0 & 1 & 1 & 1 & 0 \\ 0 & 0 & 0 & 0 & 0 & 0 & 0 & 0 & 0 & 0 & 1 & 0 & 1 \\ 0 & 0 & 0 & 0 & 0 & 0 & 0 & 0 & 0 & 0 & 0 & 1 & 1 \end{bmatrix}$$

$$E = \begin{bmatrix} 0 & 1 & 1 & 1 & 1 & 0 & 0 & 0 & 0 & 0 & 0 & 0 & 0 \\ 1 & 0 & 1 & 1 & 0 & 1 & 0 & 0 & 0 & 0 & 0 & 0 & 0 \\ 1 & 1 & 0 & 0 & 1 & 1 & 0 & 0 & 0 & 0 & 0 & 0 & 0 \\ 1 & 1 & 0 & 0 & 1 & 1 & 1 & 1 & 0 & 1 & 0 & 0 & 0 \\ 1 & 0 & 1 & 1 & 0 & 1 & 1 & 1 & 0 & 1 & 0 & 0 & 0 \\ 0 & 1 & 1 & 1 & 1 & 0 & 1 & 1 & 0 & 1 & 0 & 0 & 0 \\ 0 & 0 & 0 & 1 & 1 & 1 & 0 & 1 & 1 & 1 & 0 & 0 & 0 \\ 0 & 0 & 0 & 1 & 1 & 1 & 1 & 0 & 1 & 1 & 0 & 0 & 0 \\ 0 & 0 & 0 & 0 & 0 & 0 & 1 & 1 & 0 & 0 & 0 & 0 & 0 \\ 0 & 0 & 0 & 1 & 1 & 1 & 1 & 1 & 0 & 0 & 1 & 1 & 0 \\ 0 & 0 & 0 & 0 & 0 & 0 & 1 & 1 & 0 & 1 & 0 & 1 & 1 \\ 0 & 0 & 0 & 0 & 0 & 0 & 0 & 0 & 0 & 1 & 1 & 0 & 1 \\ 0 & 0 & 0 & 0 & 0 & 0 & 0 & 0 & 0 & 0 & 1 & 1 & 0 \end{bmatrix}$$

定义 4.5　链接社区

链接社区指以 G 中的边为研究对象，取代传统社区中的节点研究对象。将社区看作一系列紧密相连的链接的集合，通过对链接间拓扑关系的分析和挖掘，将网络划分为以链接为基本元素的社区，即链接社区。

第三节　链接社区的局部相似性度量

相似性度量问题是聚类分析的核心。虽然已有很多相似性计算模型，但是针对具体问题，如何选择或设计合适的模型依然面临挑战。在社区识别研究中，相似性通常指研究对象间的连接强度。一种常用的度量方法是测量结构等价性，通常用 *Jaccard* 系数或余弦相似性等度量。目前大多数研究主要针对节点间的相似度，而本章针对链接图展开研究，首先定义扩展邻接边的概念，在此基础上提出链接相似度模型。

定义 4.6　扩展邻接边

在链接图 $L(G)$ 中，边 l_a 的邻接边记为 $N(l_a)$，表示与边 l_a 至少有一个公共节点但不包括 l_a 本身的边的集合，即 $N(l_a) = \{l_\beta | E_{a\beta} = 1\}$。$l_a$ 的扩展邻接边为由 l_a 及其邻接边构成，即 $N+(l_a) = N(l_a) \cup \{l_a\}$。如图 4.2 中，链接 l_1 的扩展邻接边集合为 $\{l_1, l_2, l_3, l_4, l_5\}$。以 $|N+(l_a)|$ 表示链接 l_a 扩展邻接边的总数量。

链接图中的每个元素（Link）对应网络 G 中的一条边，一般来说，链接图的拓扑结构反映了对象间的连接形式，如果网络中的两条边有相同或相近的节点集合与之关联，那么这两条边被认为是相似的，即两个链接的邻居的交集合及其度分布反映了这两个链接之间联系的紧密程度。图 4.3 表达了相邻链接 l_a 和 l_β 的拓扑关系，其中 $N+(l_a) \cap N+(l_\beta)$ 是以节点 v_i 为中心的星型结构，可记作 v_i-*block* 社区。本章对 v_i-*block* 社区中链接 l_a 和 l_β 的相似性分析如下：

（1）v_i-*block* 社区中链接数量反映了星型结构的紧密程度，链接数量越多则 l_a 与 l_β 的紧密度越高，相似性越强。

（2）v_i-*block* 社区的外部链接数量越多，则 v_i-*block* 的紧密度越低，l_a 与 l_β

的相似性越弱。由于 $v_i\text{-}block$ 社区的半径为 1，当 $v_i\text{-}block$ 社区中的链接数量不变时，$v_i\text{-}block$ 社区内某一链接度数越高，则其外部链接数量越多，该链接对 $v_i\text{-}block$ 紧密度的贡献越低。

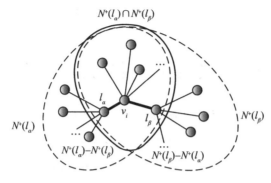

图 4.3　链接 l_α 和 l_β 的拓扑关系

根据 l_α 和 l_β 的相似性分析可知，l_α 和 l_β 的相似性 $S(l_\alpha, l_\beta)$ 与 $N^+(l_\alpha) \cap N^+(l_\beta)$ 中链接的数量成正比，与 $N^+(l_\alpha) \cap N^+(l_\beta)$ 中链接的度数成反比。为此，本章对 l_α 和 l_β 的相似性 $S(l_\alpha, l_\beta)$ 初步建模如下：

$$S(l_\alpha, l_\beta) = \sum_{l \in N^+(l_\alpha) \cap N^+(l_\beta)} f(k_l) \tag{4-4}$$

其中，k_l 表示链接的度值，$f(k_l)$ 为 k_l 的减函数。公式（4-4）兼备了链接数量对 l_α 与 l_β 相似性的正向影响，及链接度数对 l_α 与 l_β 相似性的负向影响。根据社会网络局部相似性度量方法[84]，l_α 和 l_β 的相似性 $S(l_\alpha, l_\beta)$ 可归一化为如下形式：

$$S(l_\alpha, l_\beta) = \frac{\displaystyle\sum_{l \in N^+(l_\alpha) \cap N^+(l_\beta)} f(k_l)}{\sqrt{\displaystyle\sum_{l \in N^+(l_\alpha)} f(k_l)} \cdot \sqrt{\displaystyle\sum_{l \in N^+(l_\beta)} f(k_l)}} \tag{4-5}$$

其中，$f(k_l)$ 的构造需要满足两方面要求：

（1）$f(k_l)$ 为 k_l 的减函数；

（2）$f(k_l)$ 需要满足各 k_l 取值的差异性。

为此，本章对以下 3 种常用的建模函数进行分析，其中 σ 为控制参数。

$$f(k_l) = k_l^{-\sigma}, \quad \sigma^{-k_l} \ (\sigma > 1), \quad \sigma k_l^{-1} \tag{4-6}$$

图 4.4 为 3 种建模函数对比图，其中函数 $f(k_l) = k_l^{-\sigma}$ 与 $f(k_l) = \sigma k_l^{-1}$ 在 $k_l > 5$ 时，$f(k_l)$ 取值近似，与参数 σ 的取值无关；而函数 $f(k_l) = \sigma^{-k_l}$ 在参数 σ 接近 1.1 时，其取值保持了可区分性。

基于以上分析，本章选择 $f(k_l) = \sigma^{-k_l}$ 作为建模函数，其中，σ 为控制参数且取值在区间 $\sigma \in (1, 1.5)$ 内最有效，本章将在第四节结合具体的数据集对 σ 取值进行深入讨论。由此，链接 l_α 与 l_β 的局部相似性度量可定义为：

$$S(l_\alpha, l_\beta | \sigma) = \frac{\sum\limits_{l \in N^+(l_\alpha) \cap N^+(l_\beta)} \sigma^{-k_l}}{\sqrt{\sum\limits_{l \in N^+(l_\alpha)} \sigma^{-k_l}} \cdot \sqrt{\sum\limits_{l \in N^+(l_\beta)} \sigma^{-k_l}}} \quad (4\text{-}7)$$

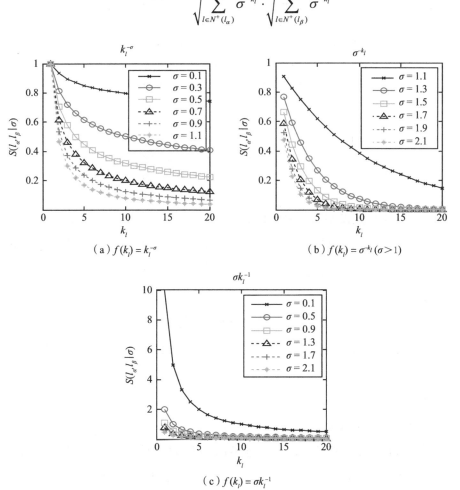

（a）$f(k_l) = k_l^{-\sigma}$　　　（b）$f(k_l) = \sigma^{-k_l}\,(\sigma > 1)$

（c）$f(k_l) = \sigma k_l^{-1}$

图 4.4　3 种建模函数对比图

当链接 l_α 与 l_β 的度均为 1 时，相似度达到最大值 1（无论参数 σ 取何值），此时网络为仅由直接相邻的两条链接构成。当链接 l_α 与 l_β 的扩展邻接链接集合交集为空时，相似度取得最小值 0，在局部扩展聚类的过程中不考虑这样的两条链接。

当参数 σ 取 1.1 时，图 4.2 所示链接图的相似度矩阵值为：

$$
\begin{bmatrix}
0 & 0.7649 & 0.6277 & 0.7649 & 0.6277 & 0 & 0 & 0 & 0 & 0 & 0 & 0 \\
0.7649 & 0 & 0.6277 & 0.7649 & 0 & 0.6277 & 0 & 0 & 0 & 0 & 0 & 0 \\
0.6277 & 0.6277 & 0 & 0 & 0.8974 & 0.8974 & 0.8474 & 0.8474 & 0.8023 & 0 & 0 & 0 \\
0.7649 & 0.7649 & 0 & 0 & 0.6277 & 0.6277 & 0 & 0 & 0 & 0 & 0 & 0 \\
0.6277 & 0 & 0.8974 & 0.6277 & 0 & 0.8974 & 0.8474 & 0.8474 & 0.8023 & 0 & 0 & 0 \\
0 & 0.6277 & 0.8974 & 0.6277 & 0.8974 & 0 & 0.8474 & 0.8474 & 0.8023 & 0 & 0 & 0 \\
0 & 0 & 0.8474 & 0 & 0.8474 & 0.8474 & 0 & 1.0000 & 0.8554 & 0.6155 & 0 & 0 \\
0 & 0 & 0.8474 & 0 & 0.8474 & 0.8474 & 1.0000 & 0 & 0.8554 & 0.6155 & 0 & 0 \\
0 & 0 & 0.8023 & 0 & 0.8023 & 0.8023 & 0.8554 & 0.8554 & 0 & 0 & 0.5108 & 0.5108 \\
0 & 0 & 0 & 0 & 0 & 0 & 0.6155 & 0.6155 & 0 & 0 & 0 & 0 \\
0 & 0 & 0 & 0 & 0 & 0 & 0 & 0.5108 & 0 & 0 & 1.0000 & 0.8156 \\
0 & 0 & 0 & 0 & 0 & 0 & 0 & 0.5108 & 0 & 1.0000 & 0 & 0.8156 \\
0 & 0 & 0 & 0 & 0 & 0 & 0 & 0 & 0 & 0.8156 & 0.8156 & 0
\end{bmatrix}
$$

为进一步形象说明以上局部相似性度量准则，本部分以 Karate 网络为例进行详细分析。Karate 网络是社区识别算法的基准测试网络之一，其中包含 34 个节点和 78 条链接，按照定义 4.2 所述方法对链接进行编号，得到如图 4.5 所示的链接图。

在图中截取部分子图进行对比分析，例如由链接 l_{38}，l_{40} 和 l_{41} 组成一个 3-clique 子图。当参数 σ 取值为 1.1 时，此 3 条边之间的相似性分别为 $S(l_{38}, l_{40}|\sigma=1.1)=0.7896$，$S(l_{38}, l_{41}|\sigma=1.1)=0.7896$，$S(l_{40}, l_{41}|\sigma=1.1)=0.3959$。而由链接 l_{63}，l_{64} 和 l_{65} 组成的 3-clique 子图中，3 条边之间的相似性分别为 $S(l_{63}, l_{65}|\sigma=1.1)=0.4485$，$S(l_{63}, l_{66}|\sigma=1.1)=0.4575$ 和 $S(l_{65}, l_{66}|\sigma=1.1)=0.9390$。

对比分析以上两组相似度值，链接 l_{63} 和 l_{65} 之间通过度为 3 的节点 v_{25} 相连，其相似度大于通过度为 2 的节点 v_{17} 相连的链接 l_{40} 和 l_{41} 之间的相似度。由此说明，拥有一个公共节点的两个链接之间的相似度与这个公共节点的度呈现正相关性。如果公共节点的度越大，则这两个链接通过其他路径连通的概率越大，这样网络中产生结构洞的概率则越小，即度大的节点对以其为公共点的链接间的相似性的贡献越大。

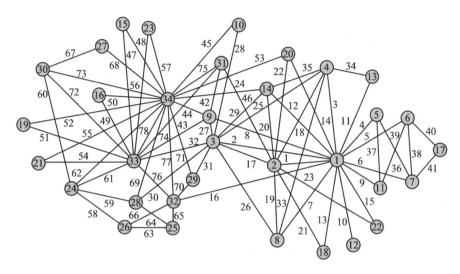

图 4.5　Karate 网络的链接图

使用公式（4-7）计算链接相似度，避免了非相邻链接相似度偏高的问题。当 $\sigma=1.1$ 时 Karate 网络的链接相似度矩阵如图 4.6 所示。

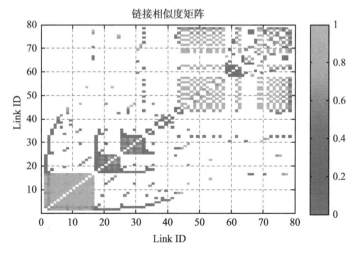

图 4.6　Karate 网络的链接相似度矩阵

第四节 基于链接层次聚类的重叠社区识别算法 LinkCom

一、链接层次聚类

层次聚类算法又称为树聚类算法，是经典的社区识别技术，主要包含以下 3 种方式：

（1）单一连接聚类（Single-linkage clustering）。两个群组之间的相似性定义为，两个群组包含的 n_1、n_2 个节点组成的 n_1*n_2 对节点中最相似的节点对的相似性。此定义很宽泛，即只要群组间存在一对高相似性的节点，两个群组就被视为相似。

（2）完全连接聚类（Complete-linkage clustering）。将两个群组之间的相似性定义为最为不相似的顶点对之间的相似性。这种定义较为严苛，每对顶点都必须具有高相似性，两个群组才具有高相似性，因此命名为完全连接聚类。

（3）平均连接聚类（Average-linkage clustering）。平均连接聚类定义的严格程度处于单一连接聚类和完全连接聚类之间，将两个群组之间的相似性定义为所有顶点对相似性的平均值。是比较中庸的一种方法，它取决于全部顶点对的相似性。

在由节点及连边构成的网络中，通过对研究对象在网络中的连接强度进行度量，就可以找出一些相互连接强度较大的对象集合，即为网络中的社区。层次聚类算法中，有两个参数需要确定，分别为：对象之间距离的度量方式和两个类之间的连接方式[141]。本章算法中连接强度度量使用第二节提出的局部边相似性指标（4-7），连接规则采用单一连接的方式并将 Ward 聚类[142-143]进行扩展，具体步骤为：

（1）初始化。设置每个样本为一个独立的社区。

（2）寻找距离最近的两个社区。在相似度矩阵中寻相似度最大的两个社区。

（3）合并。将相似度最大的两个社区采用 Ward 法合并成一个新社区，同时更新相似度矩阵；

（4）若所有社区都合并成一个社区，则算法终止；否则，返回步骤 2。

上述过程使用伪代码描述如下：

算法 4.1　链接相似性聚类算法

输入：网络 $G=(V,E)$，Link–Link 邻接矩阵 E，相似性区分度参数 σ。

输出：层次聚类树，每层对应一种划分 $C(n)$。

（1）初始化：$C=\{C_1,C_2,\cdots,C_l\}$；

（2）$C(n)\leftarrow C$；

（3）按照式（4–7）计算 Link 间相似度，得到链接相似度矩阵 S；

（4）Do；

（5）搜索矩阵 S 上三角部分最大值，$\max S=S_{\alpha\beta}$；

　　　// 更新相似性矩阵

（6）　　For $k=1:(|C|-1)$；

（7）　　　　$S_{\beta k}\leftarrow S_{k\beta}\leftarrow (N_\alpha S_{\alpha k}+N_\beta S_{\beta k})/(N_\alpha+N_\beta)$；

（8）　　　　$S_{\alpha k}\leftarrow S_{k\alpha}\leftarrow 0$；

（9）　　End for；

（10）　　$C_\beta{}'=C_\alpha\cup C_\beta$；

（11）　　$C\leftarrow C\backslash\{C_\alpha,C_\beta\}\cup C_\beta{}'$；

（12）　　$C_{(|C|)}\leftarrow C$；

（13）　　删除 S 的 α 行和 β 列；

（14）UNTIL $|C|=1$；

（15）$C(tree)\leftarrow\{C(n),\cdots,C(1)\}$；

（16）Return $C(tree)$.

在这个聚类过程中产生一个划分序列，图 4.7 为 Karate 网络经上述过程形成的层次聚类树。其中，树图的叶子节点代表网络中的链接，共 78 条链接。依次合并相似度最大的链接，并更新相似度矩阵，经过 77 次合并后所有链接聚类为一个社区，为了压缩整个聚类树的描述高度且能够清晰地表达树的聚合过程，每一次合并时在括号中标注操作的顺序号。

在层次聚类树中，每一层对应链接图的一种划分，即网络社区。为了从中

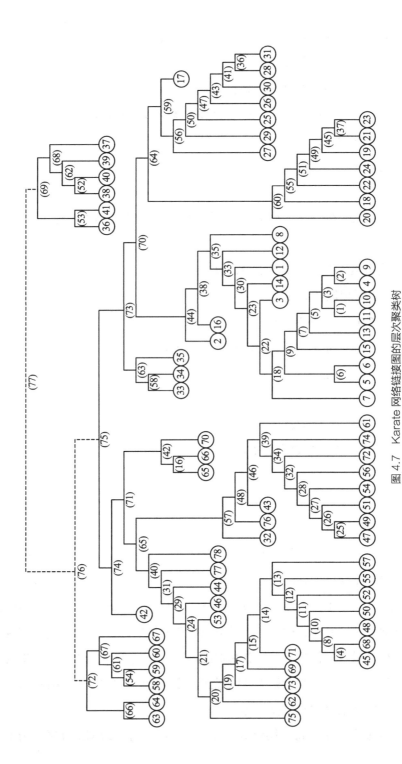

图 4.7　Karate 网络链接图的层次聚类树

截取最优划分，需要定义一种衡量划分质量的标准。我们选择将 Newman 等人针对节点集划分提出的模块度扩展至链接集合，表达为：

$$Q(E) = \frac{1}{W} \sum_{C \in P} \sum_{\alpha, \beta \in C} (E_{\alpha\beta} - \frac{k_\alpha k_\beta}{W}) \qquad （4-8）$$

其中，$W = \sum_{\alpha\beta} E_{\alpha\beta}$，当 G 为无权无向的简单图时，$W = \sum_i (k_i - 1) k_i$，$k_\alpha = \sum_\beta L_{\alpha\beta} = k_i + k_j - 2$。

基于链接的模块度函数与基于节点的模块度函数具有相同的性质，模块度值越大，说明划分效果越好，即发现的社区越合理。针对 Karate 网络，通过链接模块度的衡量，可得到每层划分所对应的模块度值，其中第 75 次合并前的划分得到最大值模块度值 0.6183，此时网络划分为 4 个链接社区。由上文分析可知，非重叠的链接社区天然对应了重叠的节点社区，在转换的过程中可能会出现社区之间过度重叠甚至大社区中包含较小社区的情况，因此需要对聚类结果进行优化，下一节中展开对此问题的讨论。

二、链接型社区向节点型社区的转换及节点社区的优化

基于链接与基于节点的社区主要区别体现在：

（1）非重叠的链接社区对应着重叠的节点社区。社会网络中，node 代表实体人，link 代表实体之间的联系，每个 link 连接了两个 node。link 是基于某一种特定的社会关系建立起来的，它的重叠没有实际意义，而 node 可以归属多个不同的社区，如家庭、同学及同事圈等。因此 link 的非重叠对应着 node 的重叠划分结果，如在极端情况下，某节点的度为 k_i 且其连接的 k_i 条边分别属于不同的边社区，此时，节点的重叠度达到最大值。

（2）链接社区可能造成节点社区的过度重叠。我们取图 4.2 中网络的部分子图进行分析，如图 4.8 所示，按照链接进行层次聚类时，在某一时刻得到的链接社区划分结果为 $\{l_1, l_2, l_4\}$ 和 $\{l_3, l_5, l_6\}$，这两个链接社区对应的节点社区分别为 $\{v_1, v_2, v_3\}$ 和 $\{v_1, v_2, v_3, v_4\}$。此时完全独立的链接社区间存在节点社区的完全包含关系，前者完全包含在后者中。因此，需要将 node 的重

叠比率控制在合理的范围内，把超过一定阈值限制的节点社区进行合并，否则会出现社区的过度重叠。

（3）链接可以没有归属，而节点都有归属。再如图4.2所示，链接社区识别中，链接 l_9 往往被单独划分为一个社区，从而得到只包含两个节点的社区 $\{v_4, v_7\}$。实际上节点 v_4 和 v_7 存在更合理的社区归属，而不该独立出来成为一个社区，它们所在的社区分别为 $\{v_1, v_2, v_3, v_4, v_5, v_6\}$ 和 $\{v_7, v_8, v_9\}$。因此在社区识别结果中应将这类跨社区的单链接消除，否则会造成社区冗余。

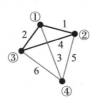

图 4.8　边的非重叠社区对应节点的重叠社区示例

基于以上分析，链接社区转换为节点社区所得到的重叠社区识别结果需要优化。本章针对社区的过度重叠及冗余问题，通过设定社区重叠率及消除单链接社区进行优化。社区重叠率指两个节点型社区间节点的重叠比例，其计算方法有多种。经过多次实验比较，选择通过计算两个社区交集的节点数与其中较小社区的节点数目的比值确定，表达为：

$$O_v = \frac{|C_1 \cap C_2|}{\min(|C_1|, |C_2|)} \qquad (4\text{-}9)$$

重叠率的限制阈值将根据不同的网络结构及实际社区识别对重叠情况的要求进行调整，在实验部分将对其展开详细的讨论。

链接社区向节点社区的转换及优化的操作步骤描述为：

（1）根据链接社区与其原节点图的关系，将链接社区转变成对应的节点社区。

（2）查找仅由一条链接构成的单链接社区。

（3）若单链接社区关联的两个节点分别属于不同的社区，则将此单链接社区删除。

（4）根据式（4-8）计算当前重叠节点社区的 EQ 值。

（5）根据式（4-9）计算社区之间的重叠率，合并重叠率超过阈值限制的社区。

（6）若社区重叠率均小于设定的阈值，再没有社区待合并，则算法终止；否则，返回步骤（4）。

（7）输出具有最大 EQ 的重叠社区。

三、算法复杂度分析

本章算法 LinkCom 的时间开销主要由 4 个步骤构成：节点的邻接矩阵映射到链接的邻接矩阵、计算链接图的局部相似度、层次聚类得到聚类树和链接社区向节点社区的转换及优化。

由于很多真实世界的网络与 BA 无标度网络模型都具有类似的长尾现象，网络边数的增长与节点数呈线性关系，边数的增长率约为节点数增长率的 10 倍。因此，基于链接图的社区识别算法需要增加一部分存储空间用于存储链接关联矩阵。由节点图向链接图映射步骤及最终链接社区向节点社区的转换步骤的复杂度主要依赖于网络的边数，复杂度为 $O(l)$；相似性计算步骤采用局部相似性计算，其时间复杂度低于 $O(l)$；层次聚类算法产生聚类树，涉及矩阵循环，时间复杂度为 $O(l^2)$，这一步骤是本章算法的主要时间消耗。但现实世界网络大多数为稀疏网络，依据稀疏网络中节点数目与边数目的关系，可知在最好情况下算法的复杂度接近 $O(n^2)$，最坏情况下为 $O(l^2)$。

第五节　实验结果及分析

本节对 LinkCom 算法中的参数进行详细的分析，然后在真实网络数据集及人工合成网络数据集上分别进行算法测试，并与经典算法的识别精度进行对比分析。算法的实验环境为：Intel（R）Pentium（R）处理器，3.0GHz CPU，4.0GB 内存，160GB 硬盘，Microsoft Windows 7 操作系统，程序语言使用 C++ 与 Matlab 混合编程。

一、实验数据集

为了评价本章算法的社区识别能力，分别采用真实网络数据集与人工数据集对算法进行测试。在真实网络数据集的选择上，使用了表4.1所示的4个真实网络。

表 4.1　真实网络数据集描述

网络名	节点数	边数
Karate	34	78
Dolphins	62	159
Polbooks	105	441
Football	115	613

在人工网络测试数据集方面，到目前为止仿真网络均以节点为核心进行构造，而没有针对链接特性设计的网络生成方法，因此本专著算法在现有人工数据集上测试时，某些方面的性能会存在偏差，但大量的实验研究表明，本专著提出的基于链接结构的社区识别算法仍能在 LFR Benchmark 上找出具有明显社区结构的节点集合，且算法能够将密集区域的链接聚集到一起，识别出的社区几乎覆盖了全部局部社区。故仍采用第二章所述的 LFR Benchmark，不同的参数设置会生成不同结构的网络，我们将在具体实验中进行参数配置。

二、评价准则

为了评价算法在各数据集上的社区识别效果，本章采用了五种常用的社区识别度量标准全面地对算法进行测试分析，分别为划分密度 PD、基于信息论的 $Infomap$、扩展模块度 EQ、重叠社区模块度 Qov 和平均导电率 AC。

（1）扩展模块度 EQ（Extended Modularity）。扩展模块度 EQ 改进了 Newman-Girvan 模块度 Q，将节点的重叠度考虑进去，强化社区内部的非重叠节点对模块度的贡献，弱化社区间节点对模块度的贡献，更合理地度量重叠社区识别结果中社区内部与社区之间联系的紧密程度。EQ 定义为：

$$EQ = \frac{1}{2m} \sum_i \sum_{v \in C_i, w \in C_i} \frac{1}{O_v O_w} \left[A_{vw} - \frac{k_v k_w}{2m} \right]$$（4-10）

其中，m 表示网络中的边数，C_i 表示第 i 个社区，O_v 表示节点 v 所属的社区数，k_v 表示节点 v 的度。EQ 值越大说明重叠社区的结构越合理、越有意义。

（2）划分密度 PD（Partition Density）。划分密度 PD 是度量以链接为集合的社区识别方法的标准。对具有 n 个节点，m 条链接的网络构造链接图，再按照层次聚类得到树状图。树状图的第 C 层划分为 $\{p_1, \cdots, p_c\}$，第 c 个划分 p_c 共有 m_c 条边，包含 n_c 个节点。其中某一划分 p_c 的密度 D_c 的计算方法如式（4-11）所示，进一步推导出整个划分的密度之和 D 如式（4-12）所示。

$$D_c = \frac{m_c - (n_c - 1)}{n_c(n_c - 1)/2 - (n_c - 1)}$$（4-11）

$$D = \frac{2}{M} \sum_c m_c \frac{m_c - (n_c - 1)}{(n_c - 2)(n_c - 1)}$$（4-12）

当各社区均为完全子图时，D 达到最大值 1；当各社区都是一棵树时，D 的值为 0；如果图非连通，D 的值为负。因此，D 的值越大，网络的社区结构越明显，划分的结果越好。

（3）基于信息论的 Infomap。罗斯瓦尔（Rosvall）等人基于最小描述长度 MDL 原理，提出映射平稳算法 Infomap，通过信息传播扩散技术探测网络社区，在此基础上 Kim 等人将其有效扩展至链接社区识别，并提出了评价链接社区识别效果的方法，表达为：

$$L(M) = qH(Q) + \sum_{i=1}^{m} p^i H(P^i)$$（4-13）

其中，$q = \sum_{i=1}^{c} q^i$，$H(Q) = -\sum_{i=1}^{C} \frac{q^i}{q} \log(\frac{q^i}{q})$，$p^i = q^i + \sum_{\alpha \in i} p_\alpha$，

$$H(P^i) = \frac{q^i}{q^i + \sum_{\alpha \in i} p_\alpha^i} \log\left(\frac{q^i}{q^i + \sum_{\alpha \in i} p_\alpha^i} \right) - \sum_{\alpha \in i} \frac{p_\alpha^i}{q^i + \sum_{\beta \in i} p_\beta^i} \log\left(\frac{p_\alpha^i}{q^i + \sum_{\beta \in i} p_\beta^i} \right)$$

式中 $q^i = \sum_{\alpha \in i} \sum_{\beta \notin i} p_\alpha \frac{A_{\alpha\beta}}{k_\alpha}$，当节点 α 属于社区 i 时，$p_\alpha^i = p_\alpha$，而当节点 α 不属于社

区 i 时，$p_a^i=0$。与模块度与划分密度不同，*Infomap* 指标的值越小，表明网络的社区结构越清晰。

（4）平均导电率 AC（Average Condutance）。

由里斯科维克（Leskovec）等人提出的平均导电率 AC 是常用于评价重叠社区质量的标准，定义为：

$$AC = \frac{1}{K}\sum_{i=1}^{K}\varphi(C_i) \qquad (4-14)$$

其中，C_i 代表第 i 个社区，K 代表社区个数，$\varphi(S)$ 表示社区 S 的导电率，其本质含义是社区内的边数与社区外的边数的比值，其中 $\varphi(S)=\dfrac{cs}{2ms+cs}$，$ms$ 指社区 S 内部的边数，cs 指社区 S 边界的边数，即 $ms=|\{(u,v):u\in S,v\in S\}|$，$cs=|\{(u,v):u\in S,v\notin S\}|$。显然，社区结构越明显，其导电率值就越低。

（5）重叠社区模块度 Qov（Overlap modularity）

尼科西亚（Nicosia）等人从模块度函数 Q 出发，将其扩展至具有重叠结构的有向网络，提出新的社区识别评价标准 Qov，表达为：

$$Q_{ov} = \frac{1}{m}\sum_{c\in C}\sum_{i,j\in V}\left[\beta_{l(i,j),c}A_{ij} - \frac{\beta_{l(i,j),c}^{out}k_i^{out}\beta_{l(i,j),c}^{in}k_i^{in}}{m}\right] \qquad (4-15)$$

其中，$\beta_{l(i,j),c}$ 表示节点 i，j 所连接的边 l 对于社区 c 的隶属系数，定义为：$\beta_{l(i,j),c} = F(\alpha_{i,c},\alpha_{j,c})$，这里的函数 $F(\alpha_{i,c},\alpha_{j,c})=\dfrac{1}{(1+e^{-f(\alpha_{i,c})})(1+e^{-f(\alpha_{j,c})})}$，$f(x)=2px-p$，$p\in R$，在本章的实验中取 $p=3$。$\beta_{l(i,j),c}^{out}=\dfrac{\sum_{j\in V}F(\alpha_{i,c},\alpha_{j,c})}{|V|}$，$\beta_{l(i,j),c}^{in}=\dfrac{\sum_{i\in V}F(\alpha_{i,c},\alpha_{j,c})}{|V|}$，其他参数均与标准模块度函数含义相同。针对无向网络，将其简化为：

$$Q_{ov} = \frac{1}{m}\sum_{c\in C}\sum_{i,j\in V}\left[\beta_{l(i,j),c}A_{ij} - \frac{(\beta_{l(i,j),c}k_i)^2}{m}\right] \qquad (4-16)$$

三、参数分析

1. 参数 σ 取值分析

本节实验分别从：①参数 σ 对特定链接对的影响；②参数 σ 对真实社会网络的整体相似度影响；③参数 σ 的最优取值区间分析三方面入手，对参数 σ 的敏感性进行分析。其中实验 1 和 2 采用 Karate 网络数据集，以直观表达参数 σ 的敏感性；实验 3 采用多组 LFR Benchmark，以量化分析参数 σ 的有效取值。

实验 1 为了验证参数 σ 对特定链接对的影响，在图 4.5 所示 Karate 网络的链接图中，选择部分度分布差异较大的链接进行局部相似度分析。分别取 group1：(l_{74}, l_{75})，group2：(l_3, l_{35})，group3：(l_{37}, l_{39})，group4：(l_{43}, l_{78})，group5：(l_{58}, l_{59}) 共 5 组链接。在 σ 的有效取值区间 $\sigma \in (1, 1.5)$ 内，使用式（4–7）计算以上 5 组链接的相似度值，得到如图 4.9 所示的相似度变化曲线。当 $\sigma=1$ 时，式（4–7）可表示为：

$$S(l_\alpha, l_\beta \mid \sigma = 1) = \frac{\left| N^+(l_\alpha) \bigcap N^+(l_\beta) \right|}{\sqrt{\left| N^+(l_\alpha) \right| \times \left| N^+(l_\beta) \right|}} \tag{4–17}$$

结合图 4.3，式（4–17）表达了 l_α 与 l_β 的拓扑结构差异性，即 $S(l_\alpha, l_\beta|\sigma=1)$ 越大，l_α 与 l_β 的拓扑结构越相似。

由图 4.9 可见，随着 σ 的增大，各组间的相似度值越来越贴近，当 $\sigma > 1.5$ 以后，group1，group4 和 group5，以及 group2 和 group3 的相似度十分接近，此时 $S(l_\alpha, l_\beta|\sigma > 1.5)$ 的差异性较小，无法有效区分链接相似度。以上分析表明 Karate 网络的参数 σ 的有效取值区间为 $\sigma \in (1, 1.5)$。

实验 2 本实验对比分析参数 σ 对真实社会网络的整体相似度影响。在 Karate 网络数据集由 78 条链接构成的邻接矩阵中，经公式（4–7）计算，共有 527 组链接间存在非 0 相似度。在 σ 的有效区间内，取 1.1，1.3，1.5，1.7，1.9 共 5 个值，分别进行相似度计算，将每组相似度值按升序排列，得到如图 4.10 所示的相似度值曲线。图 4.10 中曲线的增量反映了相似度的差异，若相似度增量趋近于 0，表明此度量标准衡量链接间差异的能力较差；图 4.10 表明在相似度值较小的前 200 组链接中，无论 σ 取何值，式（4–7）均

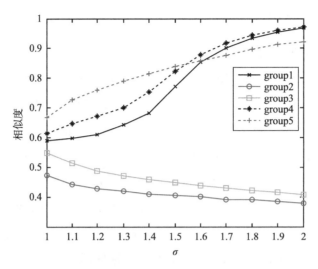

图 4.9　链接相似度随 σ 值变化

具有较好的区分度，而在第 200 组链接后，当 σ=1.1 时相似度曲线仍保持递增的变化趋势。随着 σ 值的增大，相似度函数曲线迅速趋于平稳，即不再适用于区分链接间的相似性。参数 σ 取 1.1 时相似度函数相较于 σ 取其他 4 组值时更有效。

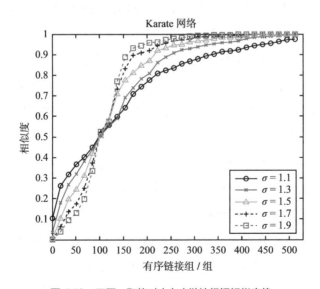

图 4.10　不同 σ 取值对应有序链接组间相似度值

为了更加清晰地说明参数 σ 对相似度的影响，我们在参数 σ 的取值范围内选取三部分：（1~1.25）、（1.4~1.55）及（1.7~1.85），分别计算相似度值。将非 0 的 527 组相似度值首先以升序排列，然后考查相邻两项的差值，再将每 30 个值分为一组，取组内的最大值绘制梯度变化折线，如图 4.11 所示，使用三种带有不同标志的线型（三角形、菱形和星形）分别表示上述三段取值区间。从图中可见，在第 150 对有序链接之后相似性的区分度只有带三角标志的折线表现明显，带有星型和菱形标志的相似度增量趋于 0，即函数不再具备区分链接间相似性的能力。从另一个角度分析，带三角标志的折线所指示的区间内相似性差值总体上较为平稳，而带菱形标志的折线对相似度差值较小的链接过于敏感，在第 100 组有序链接处相似度差值达到了接近于 0.09 的峰值，而后迅速趋于稳定，故不能平稳地区分相似度，使得函数不具备很好的相似性度量能力。

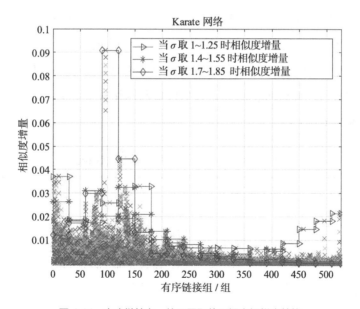

图 4.11 有序链接在 σ 的不同取值区间内相似度差值

实验 3 本实验采用多组 LFR Benchmark，以量化分析参数 σ 在不同网络规模下对相似性区分度的影响。实验共生成 5 组 LFR 基准网络，所有的网络共享参数 $d=10$，$d_{\max}=50$，$\gamma=-2$，$b=-1$，$om=4$，其他参数详细信息如表 4.2 所示。

表 4.2　LFR Benchmark 参数设置

σ 区间	N	c_{min}	c_{max}	μ	on
数据 1	1000	10	50	0.1	100
数据 2	2000	10	50	0.3	500
数据 3	5000	20	50	0.1	100
数据 4	8000	20	100	0.1	500
数据 5	10000	20	100	0.3	500

对每组参数随机生成 5 组数据集，进行相似性测量。针对每组数据进行参数 $\sigma \in (1, 2)$ 连续区间内步长取 0.01 的 200 次实验，将相似性结果按照升序排列，每次选择有序链接相似度较大的后 1/3 部分，分析相邻两项的相似性差值。统计取得相似性最大差值时 σ 的取值，分别记录落在 3 段区间区间 1：（1~1.25]、区间 2：（1.25~1.5] 和区间 3：（1.5~2）内的次数，得到表 4.3 所示的统计数据。从统计结果可知，各数据集中，相似性区分度最优值落在 Interval1 区间内的次数占绝对优势，验证了 σ 的取值与网络规模无关，在以上区间段内其最佳范围为（1~1.25]。

表 4.3　σ 取值与相似性区分度最优次数统计

σ 区间	区间 1	区间 2	区间 3
数据 1	75	23	2
数据 2	65	27	8
数据 3	77	18	5
数据 4	78	19	3
数据 5	72	18	10

2. 重叠率参数 O_v 分析

为直观表达参数 O_v 对划分结果的影响，本实验以图 4.5 所示的 Karate 网络最优划分为目标，首先，在参数 σ 的最佳取值区间内选择 3 个不连续的值，分别取 1.25、1.2 和 1.05，使用本章算法进行链接层次聚类以得到链接聚类树；其次，分别使用 4.2 节所述的 5 种评价标准截取聚类树，得到相应的最优链接社区；然后，在 $O_v \in （0.2, 1）$ 连续区间的重叠率阈值限制下进行链接社区到节点社区的转换；最后，对节点社区进行评测，结果如图 4.12 和图 4.13 所示，横轴表示重叠率，纵轴表示评价准则结果。

其中，前 5 个子图为使用第二节所述的 5 种评价准则进行度量的结果。在每种评价准则度量下，参数 $0.3 < O_v < 0.7$ 的范围内，参数 σ 的变化不会引起评价准则值的波动，且均在 O_v 趋近于 0.6 时得到相对稳定的最优值。随着重叠率的增大，对比 σ 的不同取值情况下社区划分结果，$\sigma = 1.05$ 时 Qov、EQ、$Infomap$ 和 AC 的值较优，而 PD 结果产生偏差，其原因在于 PD 标准是针对链接社区而设计，在衡量节点型社区时表现稍差。图 4.12 和图 4.13 中社区数量对比表明，当 O_v 在 0.6 左右时得到社区个数为 2，此时与真实网络社区结构一致。通过 O_v 的变化可知，若 O_v 较高，则所发现的社区数目较多，社区规模较小；反之社区的重叠性较低，社区规模较大。本实验验证了 Karate 数据集 O_v 的最优取值约为 0.6。

为分析 O_v 在各类数据集中的有效区间，本实验按照表 4.2 的参数设置生成 5 组人工 LFR 标准数据集，每组数据分别以 Qov、EQ、$Infomap$、AC 和 PD 为目标函数分为 5 个小组，每个小组进行 200 次实验。每次实验对 O_v 进行区间（0, 1）的迭代（其中 $\sigma = 1.1$），记录目标函数最优时的 O_v 取值，即每组数据可

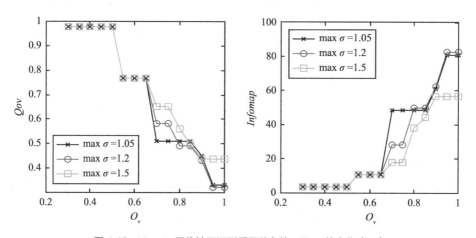

图 4.12　Karate 网络社区识别质量随参数 σ 及 O_v 的变化（一）

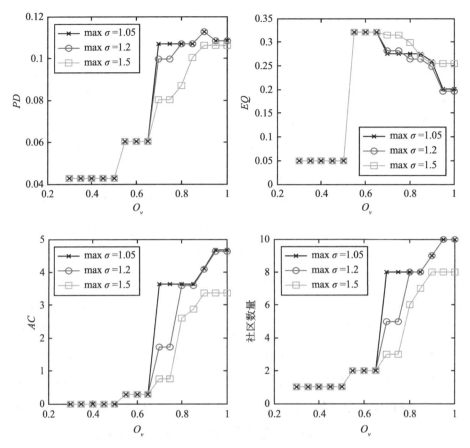

图4.13　Karate 网络社区识别质量随参数 σ 及 O_v 的变化（二）

得到 1000 个 O_v 最优取值样本。图 4.14 所示为 5 组 O_v 最优取值样本的统计直方图，其直观表达了 O_v 的最优取值集中在区间（0.4, 0.8）内，该区间即为 O_v 的最优取值区间。

3. 参数 σ 对社区识别结果的影响

根据参数 σ 的取值分析及重叠率参数 O_v 分析可知，σ 和 O_v 的取值区间分别为 $\sigma \in$（1, 1.25）和 $O_v \in$（0.4, 0.8），其中 $\sigma \in$（1, 1.25）为局部相似性度量函数的最优取值区间。

为了分析参数 σ 对社区识别结果的影响，本部分实验按照表 4.2 的参数设置生成 5 组人工 LFR 标准数据集，每组数据分别以 Qov、EQ、$Infomap$、AC 和 PD 为目标函数分为 5 个小组，每个小组进行 200 次实验。每次实验对 σ 进行区

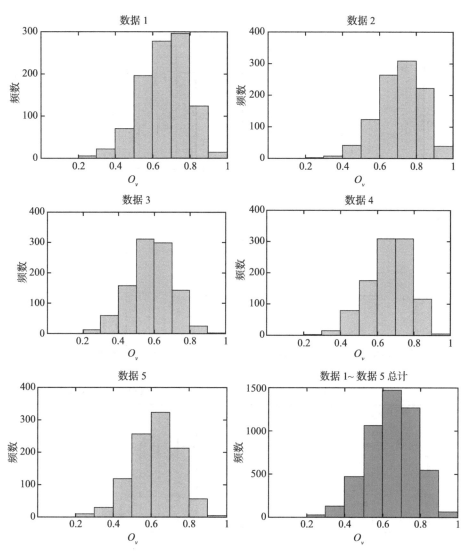

图 4.14　O_v 最优取值区间统计直方图

间（1，1.5）的迭代（其中 O_v=0.6），在实验中记录目标函数最优时参数 σ 的取值，即每组数据可得到 1000 个 σ 最优取值样本。

图 4.15 所示为 5 组 σ 最优取值样本的统计直方图，其直观表达了 σ 的最优取值集中在区间（1，1.25）内，与 σ 的局部相似性度量的最优取值区间相同，该区间为 σ 的最优取值区间。

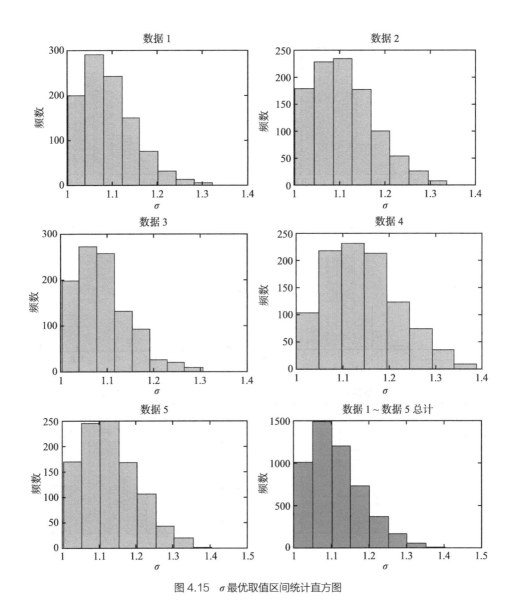

图 4.15 σ 最优取值区间统计直方图

四、LFR Benchmark 社区识别结果分析

为了测试 LinkCom 算法在 LFR Benchmark 上的性能，本节实验选择 Link、LFM、Similarity 和 COPRA 四个典型算法进行对比分析，LinkCom 算法中的参数选取上文讨论结果的最优值，分别为 $\sigma=1.1$，$O_v=0.6$。

本节选取表4.2中前4组人工数据，对比分析LinkCom算法与Link、Similarity、LFM和COPRA算法的性能，实验结果如图4.16和图4.17所示。

在各数据集上的 *NMI* 值整体呈下降趋势，原因在于随着混合参数的增加，社区间的链接不断增多，社区边界变得模糊，因而 *NMI* 值降低。从 *NMI* 值的衰减速度进行分析，LinkCom算法的 *NMI* 衰减速度低于另外几种算法，表现出一定的优势。COPRA算法由于其随机性而造成 *NMI* 值的振荡；Link算法由于对社区间的包含关系考虑不足而稍逊于本章算法；LFM算法在社区间连边较少时效果显著，但当网络结构变得模糊时，社区识别结果较差；

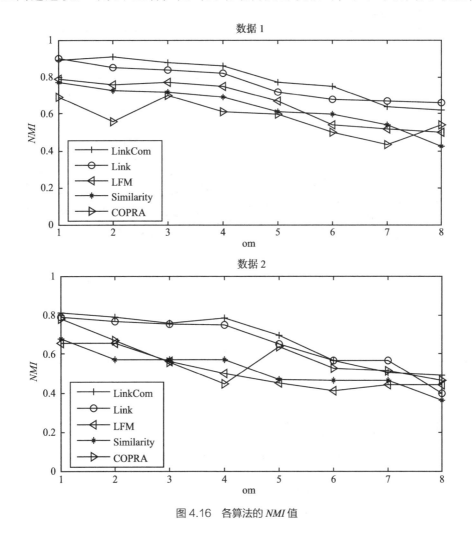

图 4.16　各算法的 *NMI* 值

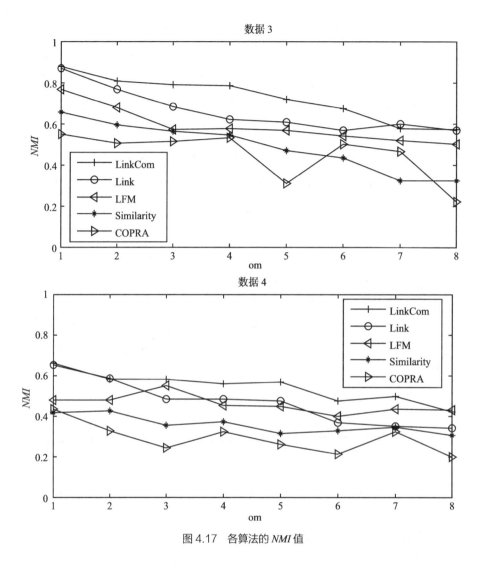

图 4.17　各算法的 *NMI* 值

Similarity 算法是针对非重叠社区识别问题而设计，导致较低的重叠社区发现质量。

五、真实网络社区识别

本章对表 4.1 所列的 4 个广泛使用的数据集进行了预处理，然后针对各数据集测试算法的性能，仍然采用第四节所选择的 4 种算法进行对分析，比较各算法分别在不同评价指标下的性能，得到表 4.4 所示的数据。

表 4.4　真实网络社区识别结果在各评测指标下最优值

算　法	评价指标	COPRA	LFM	Similarity	Link	LinkCom
Karate	社区个数	2	3	4	3	2
	EQ	0.3095	0.4033	0.4103	0.4122	0.4153
	Qov	0.8216	0.7807	0.7902	0.7323	0.7344
	Infomap	8.0192	11.8632	9.4677	12.3421	10.2332
	AC	0.4121	0.5771	0.5373	0.5733	0.5325
	PD	0.0557	0.0835	0.0393	0.0796	0.0915
Football	社区个数	5	12	10	10	12
	EQ	0.4782	0.5789	0.6034	0.5745	0.5411
	Qov	0.8141	0.6903	0.4673	0.5445	0.5674
	Infomap	42.3954	105.3611	103.3382	98.6756	65.3646
	AC	2.2172	3.8683	2.3223	2.5644	2.1352
	PD	0.1284	0.2708	0.2932	0.2697	0.2937
Dolphins	社区个数	4	3	4	3	4
	EQ	0.5303	0.3945	0.5212	0.5667	0.5322
	Qov	0.7873	0.9112	0.7822	0.7866	0.8655
	Infomap	20.7311	11.8254	13.2133	12.7658	12.9575
	AC	0.9742	0.6329	0.6523	0.6322	0.7465
	PD	0.0631	0.0461	0.0172	0.0342	0.0745
Polbooks	社区个数	4	3	3	3	3
	EQ	0.5285	0.5125	0.5011	0.5434	0.5837
	Qov	0.9147	0.9381	0.9434	0.6372	0.9411
	Infomap	21.5746	15.3385	16.2322	14.3426	21.6592
	AC	0.7928	0.3612	0.2322	0.7294	0.7672
	PD	0.0825	0.0713	0.0797	0.0645	0.0844

　　表中列出了各算法在不同的数据集上识别出的社区个数，以及分别使用5种评价指标对其进行测试的最优表现值，并以粗体显示各算法在各评价标准下的最优值。由于不同的评价指标蕴含的真实意义及度量的出发点有所差异，因此最优表现的取值相差迥异。其中，EQ、Qov 和 PD 的值越大，表明算法的社

区识别效果越好，而 *Infomap* 与 *AC* 的值越小越好。

对表中数据进行对比分析，可见 Karate 网络使用 Link 算法最好情况下对应3 个社区，模块度值为 0.4122。而使用本章 LinkCom 算法得到 2 个社区且其模块度最优值为 0.4153，说明 Link 算法对社区重叠率考虑不足，存在重叠度较大，本应被合并的社区而未进行合并的误差。LinkCom 算法对超过一定重叠率限制阈值的社区进行了合并，从而社区数目更符合实际情况，且模块度值优于其他算法。采用 *Infomap* 评价指标时，COPRA 算法在 Karate 及 Football 数据集上取得了最佳效果，这是由于针对节点型社区识别而设计的评价准则更适合基于节点的标签传播方法，采取标签的异步更新方式得到的重叠社区数目也与真实网络一致。

虽然对于某些数据集，使用 *Qov* 和 *AC* 指标评价时 LinkCom 没有取得很好的划分精度，但是在针对链接社区而设计的 *PD* 评价标准下，本章算法共取得了 7 次最优值，表现出明显优势。统计算法在取得评价函数的最佳值次数，本专著 LinkCom 算法也表现出一定优势。

本章小结

本章以网络中的链接取代传统社区识别研究中的节点对象，利用链接社区所特有的性质挖掘具有重叠节点的社区，提出了基于链接相似性聚类的重叠社区识别算法 LinkCom。

首先，该算法将描述网络拓扑性质的节点邻接矩阵无损转换为边关联矩阵；其次，提出一种边相似性度量指标，建立链接相似度矩阵，该度量指标有效地避免了全局相似性指标具有较高的时间复杂度、传统局部相似性指标对已存在直接链接的对象间相似性的有偏估计问题；再次，通过链接相似度矩阵的更新、迭代，采用沃德法进行层次聚类，建立链接聚类树；最后，采取有效的截断策略截取最优链接社区。

在得到链接社区结果后，深入分析节点型社区与链接型社区的内在联系与区别，进行链接社区向传统的节点型社区的转化，然后通过重叠率阈值的限制及孤立链接的消除对节点型社区进行优化，解决了传统链接社区识别算法中社区的过度重叠及冗余社区问题。为了对比分析算法的性能，在多个真实网络与人工生成网络上验证算法的性能，采取多种指标对社区识别精度进行评价并与经典算法对比分析，验证了算法的高效性与准确性。

现实网络往往是动态变化的，节点及链接会不断地加入或删除，原有部分社区会随着时间的推移而解体，新的社区也会孕育而生。另外，随着网络数据集规模的扩大，对算法时间效率提出了更高的要求。因此如何设计动态、高效的算法实现快速、准确地对动态社会网络社区进行识别，是本专著下一步研究的问题。

第五章

基于随机游走的增量式动态社会网络社区识别

第一节 引　　言

社会网络社区识别领域的研究始于静态社区的识别，目前大多数算法仍针对静态社区识别展开研究，静态社区识别研究在社会网络多个应用领域取得了许多有价值的研究成果。但在实际的社会网络中，伴随在线社会网络的发展，社区是不断随时间演化的，如社区规模的增长或缩减，新社区的生成，原有社区的分裂、合并及消亡。社会网络中活跃的成员都是动态存在的，其活动范围、兴趣爱好、所属圈子等都不断地受其所处时间、地域及周围成员的影响，从而产生动态变化。如我们总会因各种原因结实一些新朋友，与一些老朋友失去联系，也会因种种原因加入一些新圈子，从一些原来参与的圈子中隐退。种种迹象表明社会网络是随时间动态变化的，其社区结构也是不断变化的。因此，动态社会网络的社区识别的研究更具现实意义[144-147]。

帕拉（Palla）等人[148]开创性地在社区识别领域提出对社会网络的动态演化进行分析，其研究成果发表于顶级刊物《自然》上。文中指出，社区的演化特征如图5.1所示，即将演化过程分解为6个基本事件：增长（Growth）、压缩（Contraction）、融合（Merging）、分裂（Splitting）、诞生（Birth）及消亡（Death）。然后作者基于之前提出的派系过滤算法CPM，将其扩展至动态社区识别，用于分析科学家合作网络和移动电话用户网络的社区。研究发现：规模较大的社区如果内部成员能够不断地动态变化，反而能够维持社区更长久地存在。而规模较小的社区恰恰相反，其成员的相对稳定才能维持社区的稳定性。基于上述研究成果，就可实现人为地对网络进行干预，使网络社区向着所期望的方向演化，从而实现对社会网络的控制。

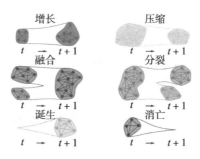

图 5.1　社团结构的演化特征 [149]

紧随其后，大量的科研人员开始关注动态社区识别，最初在邮件收发、交通控制及信息传输等领域产生了大量的研究成果。这些成果主要从 3 个角度进行动态社区识别，分别为进化聚类、模型聚类及增量式自适应类的方法。其中，自适应动态社区识别借鉴数据流聚类的方法，对比网络在不同时刻的拓扑变化，进行节点或链接的增补及删除，从而自适应地进行社区的局部调整，而不必在每个时间快照上重复进行整个网络的社区识别，大大提高了社区识别的效率，其典型建模如图 5.2 所示。

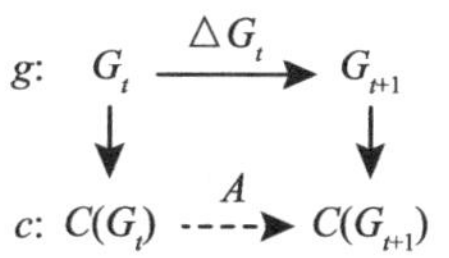

$$g: \quad G_t \xrightarrow{\triangle G_t} G_{t+1}$$
$$c: \quad C(G_t) \xdashrightarrow{A} C(G_{t+1})$$

图 5.2　自适应动态社区识别模型 [150]

下面从 3 个不同的角度分别对动态社区识别算法加以分析。

（1）进化聚类方法。这类方法主要通过捕捉不同时刻网络社区的"快照"进行社区识别，通过计算在不同时刻进行社区识别的"历史开销"来衡量社区识别的质量。此类方法以查卡巴蒂（Chakrabarti）等人提出的演化聚类算法 EC（Evolutionary Clustering）为基本方法。在社区发现过程中以时间片为一次聚类分析的取样单位，将时间片 t 内的聚类结果、时间片 t 及时间片 $t-1$ 内的全局分布进行综合建模。

（2）自适应方法。此类方法以 Nguyen 等人[151-152]的一系列研究为代表。这类研究的共同点为将网络的动态变化分为四种类型：增加节点，删除节点，增加边，删除边。AFOCS 和 QCA 分别对社区密度函数和模块度模型进行了改进，使其可以直接度量社区与节点的关系紧密度，并在动态事件发生时以考虑模块度的增加量为导向，自适应地更新已发现的社区。

（3）模型聚类的方法。此类方法将各时间片内的节点及社区分布作为潜在社区的样本分布，通过建立样本的概率关联模型实现潜在社区发现。

动态社会网络社区识别的研究比静态社区识别的研究更具有挑战性。首先，动态社区识别算法需保证在任意时刻能够合理地识别出社区；然后，随着网络的动态演化，算法需具备快速捕捉节点或链接的变化并迅速作出响应的能力。研究表明[153-154]，在相邻的时间片上，通常只有很少数节点或链接发生变化，而大部分节点仍保持其原来的社区归属，即社区结构具有相对稳定性。

基于以上分析，本章基于随机游走的思想设计了一种增量式动态社会网络社区识别算法，通过局部化算法识别初始时刻的社区，通过捕捉网络不同时刻节点或边的变化，采用增量式算法，从局部对社区进行调整，实现了动态社区识别。

本章研究的主要贡献在于：

（1）首先提出一种以节点的拓扑结构为研究对象的社区发现方法 SRWCD，SRWCD 基于随机游走与 Ward 聚类的方式建立起聚类树，从而实现静态社区识别。

（2）在 SRWCD 的基础上提出了面向动态社区发现的 DRWCD 算法，该算法通过对 4 类动态事件（节点增加、节点删除、链接增加、链接删除）进行增量式调整，以较低的时间代价实现动态社区的识别。

（3）所提出的 DRWCD 算法以各个节点为中心，计算方式适用于分布式计算，从而满足了大规模数据的需求。

第二节　问题描述

设动态网络表示为一系列的图 G_T (E_T, V_T)，如 $G = \{G_1, G_2, \cdots, G_T, G_{T+1}, \cdots\}$，其中，$T$ 为动态序列中的某一时刻，G_T 为网络在 T 时刻的拓扑结构，E_T 为网络 G_T 的边集合，V_T 为网络 G_T 的节点集合，表示为 E_T $(G_T) = \{l_{ij} | v_i, v_j \in V_T\}$，$V_T$ $(G_T) = \{v_i | i = 1, \cdots, N\}$。

动态社区识别的目标是在网络的时序序列图中识别出各个时刻的社区，从而分析网络的演化性质。具体化为：已知 T 时刻和 $T+1$ 时刻的网络拓扑结构 G_T 和 G_{T+1}，根据已有算法对 T 时刻的社区结构 C (G_T) 进行识别。通过动态检测 G_T 和 G_{T+1} 时刻的网络变化 ΔG_T，设计相应的算法处理这种变化量，对社区进行更新，得到 $T+1$ 时刻的网络社区 C (G_{T+1})，如图 5.3 所示。

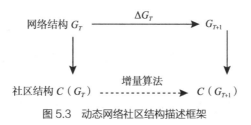

图 5.3　动态网络社区结构描述框架

第三节　初始静态社区识别

静态社会网络社区识别的研究已有大量成果，但大多数算法无法适应网络的动态变化，只能在不同的时间片上重复执行静态算法，以进行动态社区的识别。为了避免重复执行算法造成大量的时间、空间开销，提高社区识别的效率，本章设计能够快速、准确地获得初始时刻网络的社区，并能适应网络的增量式动态变化的动态算法。

为了适应网络增量式的动态变化，初始静态算法需具备以下几方面特性：首先，算法能够对静态网络进行准确识别；其次，算法具备从网络的某一部分出发逐步扩展至全网的局部性；最后，算法具备能处理网络节点和边的动态变化的适应性。基于以上几点考虑，本部分设计基于随机游走的静态社区识别算法 SRWCD。

一、随机游走策略原理

随机游走是社区识别中的经典策略[155-162]，该方法以网络中的单个或多个节点为源点，以一定的游走概率遍历整个网络。本部分处理与前面章节一致，以邻接矩阵的形式表达网络中节点间的关系。当节点 v_i，v_j 间有边相连时，$A_{ij}=1$，否则 $A_{ij}=0$。节点 v_i 的度为与其直接相连的节点的数量，表达为 $d(v_i) = \sum_j A_{ij}$。

随机游走的处理过程为：对任意节点 v_i，在网络的某一时刻，游走者以一定的转移概率 P 移动到 v_i 的邻居节点，该游走者访问的一系列节点序列形成一条马尔科夫链。游走者从节点 v_i 转移到节点 v_j 的转移概率为 $P_{ij} = \dfrac{A_{ij}}{d(i)}$。随机游走的过程由转移概率 P 矩阵来驱动，由节点 v_i 经过 λ 步随机游走到达节点 v_j 的路径长度定义为 P_{ij}^λ。经理论与实验分析表明，随机游走的过程满足以下两条性质：

性质 1 当游走者从节点 v_i 经过无限次游走到达节点 v_j 的概率只取决于节点 v_j 的度，而与起始节点 v_i 的度值无关。即对任意节点 v_i 有：

$$\lim_{\lambda \to \infty} P_{ij}^\lambda = \frac{d(v_i)}{\sum_k d(k)} \tag{5-1}$$

其中，k 为由 v_i 到 v_j 所经历的中转节点。

性质 2 游走者以固定长度为 λ 的步数，从节点 v_i 游走至节点 v_j 与从节点 v_j 游走至节点 v_i 的概率，只与节点 v_i 与 v_j 的度数相关，而与其间经过的中转节点的度值无关，即对任意节点 v_i，v_j 有：

$$k(v_i)P_{ij}^\lambda = k(v_j)P_{ji}^\lambda \tag{5-2}$$

基于以上性质，下面将展开对节点间及社区间的相似性度量的研究。

二、基于随机游走的社区识别算法 SRWCD

由于社会网络本身具有聚集性，依据目前被广泛认同的社区所具备的性质，社区内部的连接数总是大于社区之间的连接数，因此，随机游走的过程往往在社区内部发生的概率更大。从网络的全局拓扑结构来看，游走者经过一定步数的游走后必然会回到社区内部，可使用相似节点之间合并及社区对其周围节点或社区的吸纳等方法描述社区的形成及演化过程。鉴于此，本节通过节点之间的游走可达性来建立节点间或社区间的相似性度量模型，然后逐步合并相似性较高的节点或社区，形成聚类树，再通过目标函数的最优值截取聚类树，得到网络社区的最优划分。

基于随机游走转移概率来定义节点间的相似性，需考虑以下因素：

（1）同一社区内部的节点可达概率较高，即如果节点 v_i 与 v_j 属于同一社区，则 P_{ij}^λ 相对较高，其中 λ 表示随机游走的步数。反之， P_{ij}^λ 的值较大并不意味着节点 v_i 与 v_j 一定属于同一社区。

（2）游走者具有较大的概率移动至度数相对较高的节点，因此 P_{ij}^λ 受 $d(j)$ 的直接影响。

（3）一般来说，如果节点 v_i 与 v_j 属于同一社区，那么游走者从节点 v_i 出发到达节点 v_j 与从节点 v_j 出发到达节点 v_i，经历的中转节点集合几乎是相同的。即对同一社区内的节点 v_i，v_j，经过有限的游走步数后，有 $P_{ij}^\lambda \approx P_{ji}^\lambda$。

如图 5.4 所示的网络，直观上可分为两个社区 C_1 和 C_2，其中共有 3 条社区间连接使得节点 v_4，v_8，v_9，v_{10} 成为边界节点。若以节点 v_{10} 为起始节点，游走者可分别按照 $L_{10,7}$，$L_{10,8}$，$L_{10,9}$，$L_{10,11}$，$L_{10,15}$ 共五条路径进行随机游走。在 λ 步内，以 $L_{10,9}$，$L_{10,11}$，$L_{10,15}$ 为路径返回节点 v_{10} 的次数高于以 $L_{10,7}$，$L_{10,8}$ 为路径返回的次数。原因在于，节点 v_{10} 属于社区 C_2 且社区内部的紧致性高于外部，因此，当游走者按路径 $L_{10,9}$，$L_{10,11}$，$L_{10,15}$ 游走到社区 C_2 内部时不易走出社区[163]，使得游走者返回节点 v_{10} 的次数高。同理，当游走者按路径 $L_{10,7}$，$L_{10,8}$，游走到社区 C_1 时，具有较小的概率再返回节点 v_{10}。

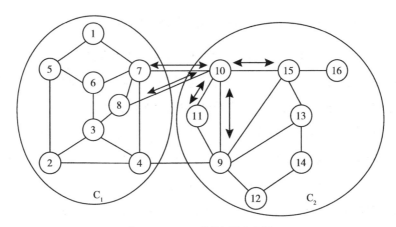

图 5.4　Agent 的随机游走示例

通过分析可知：

（1）游走者从源节点 v_i 的随机游走返回次数反映了源节点所属的局部社区特征，源节点 v_i 所在的社区结构越紧密则随机游走返回次数越多；

（2）在节点 v_i 经过 λ 步游走到达 v_j，所经过的路径 L_{ji} 的返回次数表达了邻居节点 v_j 对源节点 i 的重要程度，路径 L_{ji} 的返回次数越多则节点 v_i 与节点 v_j 的相似性越大，越倾向属于同一社区。

基于以上分析，我们有如下定义：

定义 5.1　基于随机游走模型的节点间相似度

$$\mathrm{sim}(v_i, v_j) = \sqrt{\sum_{k=1}^{n} \frac{(P_{ik}^\lambda - P_{jk}^\lambda)^2}{d(k)}} \tag{5-3}$$

这种相似度定义保证了社区内的节点之间具有较高的游走可达概率。

定义 5.2　节点与社区间的可达概率

在随机游走的过程中，游走者从一个社区内的任意节点 v_i 为出发点，经过步数 λ 到达节点 v_j 的概率为：

$$P_{C_j}^\lambda = \frac{1}{|C|} \sum_{i \in C} P_{ij}^\lambda \tag{5-4}$$

定义 5.3 基于随机游走模型的社区间相似性

社区间的相似度模型为：

$$\text{sim}(C_1, C_2) = \sqrt{\sum_{k=1}^{n} \frac{(P_{C_1k}^{\lambda} - P_{C_2k}^{\lambda})^2}{d(k)}} \tag{5-5}$$

定义 5.4 基于随机游走模型的节点对局部社区的依赖度

$$sim(v_i, C_k) = \sqrt{\sum_{k=1}^{n} \frac{(P_{Ci}^{\lambda})^2}{|C_k|}} \bigg/ d(v_i) \tag{5-6}$$

基于以上随机游走的节点间与社区间相似性度量模型的建立，社区识别问题可转化为传统的聚类问题进行解决。在随机游走初始节点的选取上，采用第二章提出的种子节点选择策略。在聚类方式上，本节仍然采用第四章中使用的 Ward 聚类方法，主要操作步骤描述为：

（1）初始化，将种子节点存入队列 Queue 中，将队列中每个节点看作一个独立的社区。

（2）取队列首元素。

（3）以随机游走步数 λ 计算邻接节点间的相似度。

（4）选择具有最大相似性的社区进行合并，得到新的社区结构。

（5）更新邻接矩阵，计算当前状态模块度取值。

（6）重新计算社区间相似度。

（7）转步骤 2 执行，直到队列为空。

（8）若网络中仍有孤立节点存在，转步骤 3。

（9）直到整个网络合并成一个社区为止。

（10）选择模块度取得最大值时对应的网络划分。

以上过程中得到网络具有层次结构的聚类树，以模块度最优为标准截取聚类树，即为网络的最优社区识别结果。

算法执行过程中，随机游走步数的选择是个关键问题。λ 取何值为最优，目前还没有从数学证明上得以解决，但是从实验分析中可知，随着游走步数的增长，社区识别的准确度逐渐增长，在达到一定的步数后，识别精度达到稳定。

大量真实网络实验表明，通常游走步数均取接近或小于网络直径的值时即可获得较为理想的效果。根据社会网络的小世界性及六度分割原理，通常只需较少的随机游走步数即可得到准确的识别结果。因此，本章中将随机游走步数均设置为网络的直径。

图 5.5 为随机游走步数 λ 取 2 时，对应的图 5.4 中网络的社区识别结果树图。通过模块度衡量，当划分为两个社区时模块度取得最大值 0.416。此时对应的社区结构如图 5.5 所示。

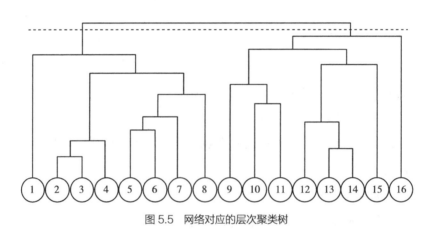

图 5.5 网络对应的层次聚类树

第四节 增量式动态社区识别

一、网络拓扑结构的动态变化

通常，社会网络的动态变化可归结为节点和链接的变化。我们可将不同时刻的动态变化分解为一系列单一的节点或边的添加或移除操作，在这里称为网络增量（减量）。这样，在网络社区结构更新时，可逐一考虑各单一的变化带来的影响，以简化处理过程。

这些单一的变化可细化为以下内容。

（1）增加节点：一个新节点连同与其直接相的边加入当前网络中。

（2）删除节点：原有节点连同与其相连的边从当前网络中移除。

（3）增加边：连接两个原有节点的新边加入到网络中。

（4）删除边：原有边从网络中移除。

二、增量式动态社区识别算法 DRWCD

增量式动态社会网络社区识别算法 DRWCD 的基本思想为：以动态捕捉到的相邻时刻网络增量为处理对象，以静态社区识别 SRWCD 算法得到的 T 时刻的社区结构为基础，对增量事件进行处理，以得到 $T+1$ 时刻的社区结构。

DRWCD 算法在动态事件到达时，对因事件发生而涉及的对象按照 SRWCD 算法的处理过程进行随机游走，以计算网络局部结构在新状态下的相似性，从而动态改变其聚类方向及层次树图，实现动态社区识别。简要的执行步骤如下：

（1）建立一个空队列 $Queue$，用来存储动态事件涉及的节点序列。

（2）比较 $T+1$ 时刻的网络拓扑结构与 T 时刻的社区结构，检测动态事件的类型，对节点增加事件执行步骤（3）；对节点删除事件执行步骤（4）；对链接增加事件执行步骤（5）；对链接删除事件执行步骤（6）。

（3）将新增加的节点及其邻居节点入队列 $Queue$。

（4）将删除节点的直接邻接节点入队列 $Queue$。

（5）将增加的链接所连接的两个节点加入队列 $Queue$。

（6）将删除的链接所连接的两个节点加入队列 $Queue$。

（7）判断队列，若为空则转步骤（10）执行；否则执行步骤（8）。

（8）队首元素出队列，将其作为初始节点，按照 SRWCD 方法进行求解，识别出其所在的社团。

（9）转步骤（7）执行。

（10）DRWCD 算法结束。

其中，步骤（8）和（9）是对动态事件所影响的节点进行重新随机游走的过程。由于 DRWCD 算法仅对动态变化及其相关的节点进行重新随机游走，避免了动态事件发生时的全局计算，降低了算法的时间复杂度。

三、算法复杂度分析

本部分算法的时间消耗主要用于第一阶段的静态社区识别和第二阶段增量式动态调整。其中，建立随机游走过程中节点间转移概率矩阵 P_{ij}^{λ} 的时间复杂度为 $O(\lambda ln)$，空间复杂度为 $O(n^2)$，其中 l 和 n 分别为网络的边数和节点数。

基于转移概率矩阵的节点间、边之间及节点与社区之间的相似性度量时间复杂度均为 $O(n)$。社区逐层合并形成聚类树的时间复杂度为 $O(lnH)$，其中 H 为聚类树的高度，最坏情况下为一个星型网络的情况，即 $n-1$ 个节点均与一个星型网络的核心相连，此时 $H=n-1$；最好情况下聚类结果为一棵平衡树，此时有 $H=O(logn)$。大多数社会网络不会出现如星型网络的一个大社区的情形，而是由多个不同规模的较小社区组成，因此会呈现平衡树的结构。在增量式动态调整的过程中，逐个取队列首元素依静态算法的处理过程进行局部调整，其时间复杂度不会超过第一阶段的静态算法。因此，算法总的时间复杂度约为 $O(n^2 logn)$。

第五节　实验结果及分析

本节在真实网络数据集及人工合成网络数据集上分别进行算法测试并与经典算法的识别精度进行对比分析。动态实验采用 FacetNet、QCA 及 AFOCS 作为对比算法，分别从增量式动态识别效果及社区稳定性等方面进行分析。

算法的实验环境为：Intel(R)Pentium(R)处理器，3.0GHz CPU，4.0GB 内存，160GB 硬盘，Microsoft Windows 7 操作系统，程序语言使用 C++ 与 Matlab 混合编程。

一、LFR BENCHMARK 实验数据分析

在人工生成网络实验中，选择第四章中所使用的 LFR Benchmark 生成节点个数为 10000 的数据作为实验数据，设置其参数为（N=10000，d=25，d_{max}=50，c_{min}=40，c_{max}=100，on=130，om=6，μ=2.5）。

针对此网络设计了两类扰动事件，分别为正向扰动与负向扰动。即正向扰动使社区结构更加紧凑，而负向扰动使社区结构变得越来越模糊。

其中正向扰动包括：

（1）节点增加事件，选择同一社区的节点作为增加节点的邻居节点。

（2）节点删除事件，选择邻居隶属多个社区的节点作为删除节点。

（3）链接增加事件，选择隶属同一社区的两个不相邻节点增加链接。

（4）链接删除事件，选择隶属不同社区的两个相邻节点删除链接。

负向扰动包括：

（1）节点增加事件，选择隶属多个不同社区的节点作为增加节点的邻接节点。

（2）节点删除事件，选择其全部邻居属于同一社区的节点作为删除节点。

（3）链接增加事件，选择隶属不同社区的两个相邻节点增加链接。

（4）链接删除事件，选择隶属同一社区的两个不相邻节点删除链接。

为对比算法的动态识别效果，本实验分别对 LFR 人工数据利用 8 种扰动进行动态模拟，并计算 QCA，FacetNet 及 AFOCS 与本专著 DRWCD 算法在各个时间片的 NMI 值。本实验对每种扰动进行单独实验，将每次实验分为 10 个时间片，每个时间片按扰动方式改变 200 个节点或链接。由于单独应用某一扰动会导致 NMI 呈现单调递增或递减变化趋势，因此，通过分析在时间片增加时各算法的 NMI 变化趋势，可以直观判断各类算法的稳定性。图 5.6 显示了 8 种策略的 NMI 动态变化对比，其中 QCA、FacetNet 及 AFOCS 3 种算法均具有较好的 NMI 结果。从图 5.6 的对比可知，随着时间片的增加 AFOCS 及 QCA 算法的 NMI 呈收敛趋势，说明当动态事件的出现次数持续增加时，AFOCS 及 QCA 算法的性能下降。

二、真实网络数据分析

为了验证本专著 DRWCD 算法不仅在人工生成网络数据集上具有较高的效率，而且在真实网络中同样表现出良好的性能，我们使用真实动态网络数据进行实验分析。

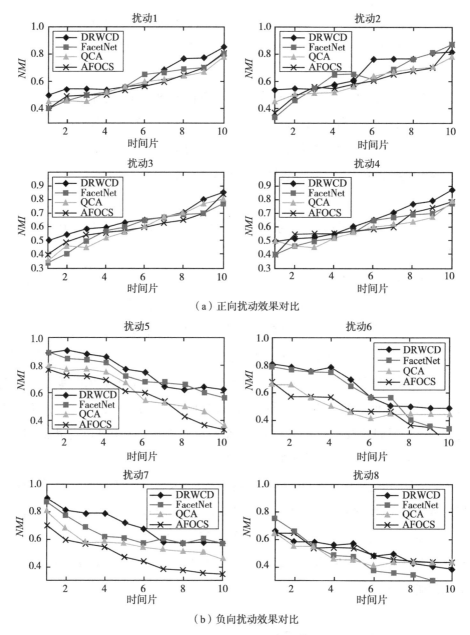

（a）正向扰动效果对比

（b）负向扰动效果对比

图 5.6　算法在 8 种策略下的 *NMI* 对比

在真实网络实验中，选择 Enron Email 数据集[164]，该数据集是由美国安然公司内部员工（大多数为公司高管）之间的电子邮件收发记录构成的。其数据的时间跨度为 28 个月（1999 年 12 月至 2002 年 3 月），我们从中抽取 20 个数据完整的网络片段进行动态社区识别的分析。

对比算法仍然选择本专著 DRWCD 与 QCA、FacetNet、AFOCS 进行分析。通过比较算法的模块度、社区识别结果中社区的数目及运行时间三方面来验证算法的性能。从图 5.7 可见，DRWCD 的模块度稍逊于 FacetNet 算法，但明显优于 QCA 及 AFOCS 算法。随着网络的演化，DRWCD 算法识别出的社区数目基本不变，说明算法具有较高的稳定性，而另外几种算法的波动幅度较大。在运行时间方面 DRWCD 也略优于其他几种算法。

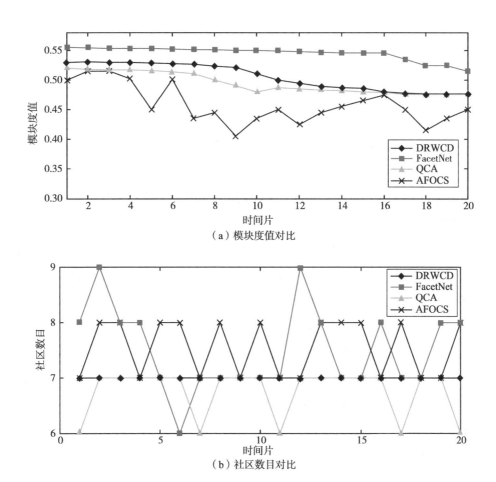

（a）模块度值对比

（b）社区数目对比

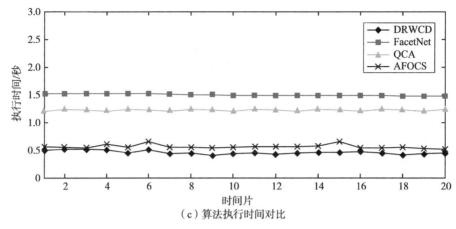

（c）算法执行时间对比

图 5.7　Enron Email 数据集动态分析结果

本章小结

本章提出一种基于随机游走的增量式动态社会网络社区识别算法 DRWCD。该算法避免了传统动态社区识别算法在不同时间片上重复执行静态算法造成的巨大开销，而采用增量修正的方式快速适应网络结构的动态变化，高效地更新社区结构。

算法首先基于随机游走定义了节点间、社区间及节点与社区间相似性度量，设计了实现静态社区识别的算法 SRWCD。以 SRWCD 算法的结果为输入，对动态事件发生时所涉及的节点进行迭代求解，简化了识别过程，得到新状态下的网络结构。本章算法的创新在于，DRWCD 是以增量节点为中心，无须考虑网络的全局拓扑结构，因此能够非常有效地应用在动态社会网络社区识别领域。

在人工生成网络和真实社会网络上的实验表明，DRWCD 具有较高的执行效率和准确率，时间开销较小，并随着网络的演化其稳定性也优于同类算法。本专著算法可为动态社区推荐、大规模动态网络挖掘分析及路由选择等领域提供研究基础。

结　论

社会网络的社区结构特性成为多年来社会网络研究的核心问题，社区识别算法得到了广泛的研究，并且被应用到电力、交通、通信及移动互联等领域。伴随 Web2.0 时代的到来，大量的社交网站迅速成长起来，大数据爆炸式的产生，又一次掀起了社会网络多重性质的研究热潮，引起了多学科科研人员的广泛关注。

本专著针对社会网络的社区识别问题展开研究，从非重叠社区识别、重叠社区识别、基于链接的社区识别及动态社会网络社区识别四个角度深入探讨，对已有算法存在的问题进行改进，对所涉及的关键技术进行分析，并提出新的解决方案。主要创新成果包括以下 4 个方面：

（1）提出一种基于种子节点扩张的局部化社区识别方法。算法首先设计了基于节点局部影响力的种子选择模型，该模型既具有较低的时间开销，又具有较高的社区结果覆盖度，然后通过不断优化一个适应度函数，设计了基于种子扩张的局部社区识别算法，并在真实社会网络和人工生成数据集上验证了算法的高效性。

（2）提出基于拓扑势的重叠社区识别方法。算法基本思想是利用网络拓扑结构作为指导来探测社区，首先基于各节点的拓扑势动态确定其影响力范围阈值；其次提出一种局部相似度度量方法，不仅考虑节点对间是否有边直接连接，而且考虑节点对的共同邻居及共同邻居之间的连边，从而合理地刻画节点对之间关系的紧密程度；最后采用标签传播的策略，自适应地使用节点各自的阈值约束相似性矩阵，进行标签选择，从而使得重叠节点在网络中所占比例、各节点的重叠度更接近实际网络。整个社区识别过程不需要社区的数量和规模等先验信息，对社区的大小也没有限制，且具有良好的稳定性。最后，通过在真实网络数据和人工标准数据集上进行测试，验证了本专著算法的可行性和有效性。

（3）提出基于链接相似性聚类的重叠社区识别方法。打破传统社区识别仅仅围绕节点展开研究的局限，以网络中的链接为研究对象，提出一种重叠社区识别算法。算法首先将研究主体进行转换，从节点的邻接矩阵出发，以节点－边的关联矩阵为过渡，无损转换为边－边邻接矩阵。基于此提出一种局部链接相似性度量方法，构建 Link 相似度矩阵，合理地刻画链接图中对象之间的相似性，然后采用层次聚类算法，建立链接聚类树，并设计有效的截断策略截取最优 Link 社区，最后转换为节点社区并通过设置重叠率阈值及孤立边消除进行优化。既克服了节点硬划分的问题，又避免了边社区识别中过度重叠及冗余社区的出现。在真实网络数据集及人工生成网络数据上的实验验证了算法在执行效率、重叠社区识别质量等方面的优越性。

（4）提出基于随机游走的增量式动态社会网络社区识别方法。该方法首先通过以节点的拓扑结构为研究对象，以种子节点集为输入，选取随机游走的方式确定种子节点所在社区的成员。在网络演化的过程中，检测网络在不同时刻的动态变化量（节点增加、节点删除、链接增加、链接删除）进行局部增量式调整，以较低的时间代价实现动态社区的识别。由于算法以各个节点为中心，计算方式适用于分布式计算，从而满足了大规模数据的需求。

在研究的过程中，发现还有一些问题值得进一步深入探讨。

（1）伴随大数据时代的到来，"互联网＋"成为新时期的研究热点，由此产生了涵盖多领域、类型多样化的海量数据。例如在社交网络中包含文本、图像、音频及视频的数据大量涌现，为我们提供了丰富的可用于挖掘的数据。从理论研究的角度来看，如何将这些含有语义信息的异质网络数据进行建模，将本专著提出的算法进行扩展，设计结合网络的拓扑及属性等信息的社区识别方法，进行大规模在线社会网络的结构化分析值得进一步研究。

（2）本专著提出的社区识别方法作为社会网络结构化分析的基础性研究，在理论上具有一定的意义，但如何将算法与节点影响力最大化、网络结构压缩、链接预测及个性化推荐等研究相结合，从而实现更有价值的应用，值得更深入探索。

参考文献

［1］WATTS D J, STROGATZ S H. Collective dynamics of "small-world" networks ［J］. Nature, 1998, 393（6684）: 440-442.

［2］BARABASI A L, ALBERT R. Emergence of Scaling in Random Networks ［J］. Science, 1999, 286（5439）: 509-512.

［3］LANCICHINETTI A, RADICCHI F, RAMASCO J J, et al. Finding statistically significant communities in networks ［J］. PloS one, 2011, 6（4）: e18961.

［4］HOU B, YAO Y, LIAO D. Identifying all-around nodes for spreading dynamics in complex networks ［J］. Physica A Statistical Mechanics & Its Applications, 2012, 391（15）: 4012-4017.

［5］杨博, 刘杰, 刘大有. 基于随机网络集成模型的广义网络社区挖掘算法 ［J］. 自动化学报, 2012, 38（005）: 812-822.

［6］XIE J, KELLEY S, SZYMANSKI B K. Overlapping community detection in networks: The state-of-the-art and comparative study ［J］. Acm Computing Surveys, 2013, 45（4）: 115-123.

［7］FORTUNATO S. Community detection in graphs ［J］. Physics Reports, 2010, 486（3）: 75-174.

［8］HE D, JIN D, CHEN Z, et al. Identification of hybrid node and link communities in complex networks ［J］. Scientific Reports, 2015, 5.

［9］DI J, GABRYS B, DANG J. Combined node and link partitions method for finding overlapping communities in complex networks ［J］. Scientific Reports, 2015, 5.

［10］GIRVAN M, NEWMAN M E. Community structure in social and biological networks ［J］. Proceedings of the National Academy of Sciences, 2002, 99（12）: 7821-7826.

［11］MILGRAM S, The Small World Problem ［J］. Psychology Today, 1967, 2（1）: 185-195.

［12］LESKOVEC J, HORVITZ E. Planetary-Scale Views on an Instant-Messaging Network ［C］. 第十七届国际万维网大会, 2008: 915-924.

［13］尹丹，高宏，邹兆年. 一种新的高效图聚集算法［J］. 计算机研究与发展，2011，48（10）：1831–1841.

［14］YAN X, HAN J. CloseGraph：mining closed frequent graph patterns［C］. Proceedings of the ninth ACM SIGKDD international conference on Knowledge discovery and data mining, 2003：286–295.

［15］同［1］.

［16］CAO X, WANG X, JIN D, et al. A Stochastic Model for Detecting Overlapping and Hierarchical Community Structure［J］. PloS one, 2015, 10（3）：1–26.

［17］CHEN F, LI K, Detecting Hierarchical Structure of Community Members in Social Networks［J］. Knowledge–Based Systems, 2015, 87：3–15.

［18］RAHIMKHANI K, ALEAHMAD A, RAHGOZAR M, et al. A fast algorithm for finding most influential people based on the linear threshold model［J］. Expert Systems with Applications, 2015, 42（3）：1353–1361.

［19］WILKINSON D M, HUBERMAN B A. A Method for Finding Communities of Related Genes［J］. Proceedings of the National Academy of Sciences, 2004, 101 Suppl 1（Suppl. 1）：5241–5248.

［20］TYLER J R, WILKINSON D M, HUBERMAN B A. Email as Spectroscopy：Automated Discovery of Community Structure within Organizations［M］. Springer Netherlands, 2003.

［21］ARENAS A, DANON L, DÍAZ–GUILERA A, et al. Community analysis in social networks［J］. The European Physical Journal B–Condensed Matter and Complex Systems, 2004, 38（2）：373–380.

［22］ZHOU H. Distance, dissimilarity index, and network community structure［J］. Physical Review E Statistical Nonlinear & Soft Matter Physics, 2003, 67（6）：1–6.

［23］同［10］.

［24］NEWMAN M E, Girvan M. Finding and evaluating community structure in networks［J］. Physical Review E, 2004, 69（2）：026113.

［25］NEWMAN M E. Fast algorithm for detecting community structure in networks［J］. Physical Review E, 2004, 69（6）：066133.

［26］CLAUSET A, NEWMAN M E. Moore C. Finding community structure in very large networks［J］. Physical Review E, 2004, 70（6）：066111.

［27］WANG F, ZHANG C. Label Propagation through Linear Neighborhoods［J］. IEEE Transactions on Knowledge & Data Engineering, 2008, 20（1）：55–67.

［28］RAGHAVAN U N, ALBERT R, KUMARA S. Near linear time algorithm to detect community structures in large-scale networks［J］. Physical Review E, 2007, 76（3）: 3-106.

［29］GREGORY S, Finding overlapping communities in networks by label propagation［J］. New Journal of Physics, 2010, 12（10）: 103018.

［30］BARBER M J, CLARK J W. Detecting network communities by propagating labels under constraints［J］. Physical Review E, 2009, 80（2）: 026129.

［31］LIU X, MURATA T. Advanced modularity-specialized label propagation algorithm for detecting communities in networks［J］. Physica A: Statistical Mechanics and its Applications, 2010, 389（7）: 1493-1500.

［32］XIE J, SZYMANSKI B K, LIU X. SLPA: Uncovering overlapping communities in social networks via a speaker-listener interaction dynamic process［J］. Data Mining Workshops （ICDMW）, 2011 IEEE 11th International Conference, 2011: 344-349.

［33］XIE J, SZYMANSKI B K. LabelRank: A Stabilized Label Propagation Algorithm for Community Detection in Networks［J］. CoRR, 2013, 13（03）: 138-143.

［34］EVANS T, LAMBIOTTE R. Line graphs, link partitions, and overlapping communities ［J］. Physical Review E, 2009, 80（1）: 016105.

［35］EVANS T. Clique graphs and overlapping communities［J］. Journal of Statistical Mechanics: Theory and Experiment, 2010, 2010（12）: 12-37.

［36］AHN Y-Y, BAGROW J P. Lehmann S. Link communities reveal multiscale complexity in networks［J］. Nature, 2010, 466（7307）: 761-764.

［37］YOUNGDO K, HAWOONG J. Map equation for link community［J］. Physical Review E Statistical Nonlinear & Soft Matter Physics, 2011, 84（2 Pt 2）: 1402-1409.

［38］CORNE D, HANDL J, KNOWLES J. Evolutionary clustering［M］. Springer US, 2006.

［39］SARKAR P, MOORE A W. Dynamic Social Network Analysis using Latent Space Models ［J］. Sigkdd Explorations Special Issue on Link Mining, 2005, 7（2）: 31-40.

［40］CHI Y, SONG X, Zhou D, et al. Evolutionary spectral clustering by incorporating temporal smoothness［C］. Kdd 07 Acm Sigkdd International Conference on Knowledge Discovery & Data, 2007: 153-162.

［41］TANTIPATHANANANDH C, BERGER-WOLF T, KEMPE D. A framework for community identification in dynamic social networks［C］. Proceedings of the 13th ACM SIGKDD international conference on Knowledge discovery and data mining, 2007: 717-726.

［42］SUN J, FALOUTSOS C, PAPADIMITRIOU S. Graphscope: parameter-free mining of large time-evolving graphs［C］. Proceedings of the 13th ACM SIGKDD international conference on Knowledge discovery and data mining, 2007：687–696.

［43］TANG L, LIU H, ZHANG J, et al. Community Evolution in Dynamic Multi-Mode Networks［C］. KDD'08, 2008：677–685.

［44］LIN Y R, CHI Y, ZHU S, et al. Facetnet：a framework for analyzing communities and their evolutions in dynamic networks.［C］. Proceedings of the 17th international conference on World Wide Web, 2008：685–694.

［45］KIM M S, HAN J. A particle-and-density based evolutionary clustering method for dynamic networks［J］. Proceedings of the Vldb Endowment, 2009, 2（1）：622–633.

［46］单波, 姜守旭, 张硕, 等. IC：动态社会关系网络社区结构的增量识别算法［J］. 软件学报, 2009, 20（Supplement）：184–192.

［47］林旺群, 邓镭, 丁兆云, 等. 一种新型的层次化动态社区并行计算方法［J］. 计算机学报, 2012, 35（8）：1712–1725.

［48］HAO H, ZHANG X, YONG S. Identifying evolving groups in dynamic multi-mode networks［J］. IEEE Transactions on Knowledge & Data Engineering, 2011, 24（1）：72–85.

［49］NGUYEN N P, DINH T N, XUAN Y, et al. Adaptive algorithms for detecting community structure in dynamic social networks［C］. Proceedings IEEE INFOCOM, 2011, IEEE：2282–2290.

［50］NGUYEN N P, DINH T N, TOKALA S, et al. Overlapping communities in dynamic networks：their detection and mobile applications［C］. Proceedings of the 17th annual international conference on Mobile computing and networking, 2011（2）, ACM：85–96.

［51］XIE J, CHEN M, SZYMANSKI B K. LabelRankT：incremental community detection in dynamic networks via label propagation［C］. Proceedings of the Workshop on Dynamic Networks Management and Mining, 2013：25–32.

［52］同［33］.

［53］OLIVEIRA M, GUERREIRO A, GAMA J. Dynamic communities in evolving customer networks：an analysis using landmark and sliding windows［J］. Social Network Analysis & Mining, 2014, 4（1）：1–19.

［54］VAN DONGEN S. A cluster algorithm for graphs［J］. Report-Information systems, 2000,（10）：1–40.

［55］ROSVALL M, BERGSTROM C T. Maps of random walks on complex networks reveal community structure［J］. Proceedings of the National Academy of Sciences, 2008, 105

（4）：1118-1123.

［56］BO Y, LIU J, FENG J. On the Spectral Characterization and Scalable Mining of Network Communities［J］. Knowledge & Data Engineering IEEE Transactions, 2012, 24（2）：326-337.

［57］SHAO J, HAN Z, YANG Q, et al. Community Detection based on Distance Dynamics［C］. KDD'15, Sydney, NSW, Australia, 2015, ACM：1075-1084.

［58］何东晓. 复杂网络社团结构发现方法研究［D］. 长春：吉林大学, 2014.

［59］PIZZUTI C. Community detection in social networks with genetic algorithms［C］. Proceedings of the 10th annual conference on Genetic and evolutionary computation, 2008：1137-1138.

［60］PIZZUTI C. A Multi-objective Genetic Algorithm for Community Detection in Networks［C］. Tools with Artificial Intelligence, 2009. ICTAI '09. 21st International Conference on, 2009：379-386.

［61］SHI C, YAN Z, WANG Y I, et al. A genetic algorithm for detecting communities in large-scale complex networks［J］. Advances in Complex Systems, 2010, 13（1）：3-17.

［62］TASGIN M, BINGOL H. Community Detection in Complex Networks using Genetic Algorithm［J］. Eprint Arxiv, 2006：0711.0491.

［63］何东晓, 周栩, 王佐, 等. 复杂网络社区挖掘——基于聚类融合的遗传算法［J］. 自动化学报, 2010, 36（8）：1160-1170.

［64］LIU Y, WANG Q X, WANG Q, et al. Email Community Detection Using Artificial Ant Colony Clustering［M］. Springer Berlin Heidelberg, 2007.

［65］金弟, 刘杰, 杨博, 等. 局部搜索与遗传算法结合的大规模复杂网络社区探测［J］. 自动化学报, 2011, 37（7）：873-882.

［66］QUE X, CHECCONI F, PETRINI F, et al. Scalable Community Detection with the Louvain Algorithm［C］. 2015 IEEE International Parallel and Distributed Processing Symposium（IPDPS）, 2015：28-37.

［67］王诗懿, 董一鸿, 李志超, 等. 大规模复杂网络下重叠社区的识别［J］. 电子学报, 2015, 43（8）：1575-1582.

［68］WU F, HUBERMAN B A. Finding communities in linear time：a physics approach［J］. The European Physical Journal B-Condensed Matter and Complex Systems, 2004, 38（2）：331-338.

［69］YANG T, CHI Y, ZHU S, et al. Detecting communities and their evolutions in dynamic social networks-a Bayesian approach［J］. Machine Learning, 2011, 82（2）：157-189.

[70] DOREIAN P, BATAGELJ V, FERLIGOJ A. Generalized blockmodeling of two-mode network data [J]. Social Networks, 2004, 26（1）: 29-53.

[71] 辛宇, 杨静, 谢志强. 一种面向语义重叠社区发现的 Block 场取样算法 [J]. 自动化学报, 2015, 41（2）: 362-375.

[72] BURNHAN K P, ANDERSON D R. Model Selection And Multimodel Inference: A Practical Information-Theoretic Approach [J]. Journal of Wildlife Management, 2002, 67（3）: 1263-1269.

[73] FROHLICH C. Information Theory, Inference, and Learning Algorithms [J]. Journal of the American statistical association, 2005, 100（10）: 1461-1462.

[74] 同 [25].

[75] LANCICHINETTI A, FORTUNATO S, RADICCHI F. Benchmark graphs for testing community detection algorithms [J]. Physical Review E, 2008, 78（4）: 046110.

[76] DANON L, DIAZ-GUILERA A, DUCH J, et al. Comparing community structure identification [J]. Journal of Statistical Mechanics: Theory and Experiment, 2005（09）: 09008.

[77] 同 [24].

[78] SHEN H, CHENG X, CAI K, et al. Detect overlapping and hierarchical community structure in networks [J]. Physica A: Statistical Mechanics and its Applications, 2009, 388（8）: 1706-1712.

[79] 同 [36].

[80] 同 [55].

[81] NICOSIA V, MANGIONI G, CARCHIOLO V, et al. Extending the definition of modularity to directed graphs with overlapping communities [J]. Journal of Statistical Mechanics: Theory and Experiment, 2009（03）: 03024.

[82] LESKOVEC J, LANG K J, MAHONEY M. Empirical comparison of algorithms for network community detection [C]. Proceedings of the 19th international conference on World wide web, 2010, ACM: 631-640.

[83] 李建华, 汪晓锋, 吴鹏. 基于局部优化的社区发现方法研究现状 [J]. 中国科学院院刊, 2015, 30（2）: 238-247.

[84] BAGROW J P, BOLLT E M. Local method for detecting communities [J]. Physical Review E, 2005, 72（4）: 046108.

[85] 张泽华, 苗夺谦, 钱进. 邻域粗糙化的启发式重叠社区扩张方法 [J]. 计算机学报, 2013, 36（10）: 2078-2086.

［86］CLAUSET A. Finding local community structure in networks［J］. Physical Review E Statistical Nonlinear & Soft Matter Physics, 2005, 72（2Pt2）: 254–271.

［87］LUO F, WANG J Z, PROMISLOW E. Exploring Local Community Structures in Large Networks［J］. Web Intelligence & Agent Systems An International Journal, 2008, 6（4）: 387–400.

［88］高启航, 景丽萍, 于剑, 等. 基于结构和适应度的社区发现［J］. 中国科学技术大学学报, 2014, 44（7）: 563–569.

［89］MENG F R, ZHU M, ZHOU Y, et al. Local Community Detection in Complex Networks Based on Maximum Cliques Extension［J］. Mathematical Problems in Engineering, 2014（4）: 1–12.

［90］潘磊. 若干社区发现算法研究［D］. 南京: 南京大学, 2014.

［91］刘旭, 易东云. 基于局部相似性的复杂网络社区发现方法［J］. 自动化学报, 2011, 37（12）: 1520–1529.

［92］刘旭. 基于目标函数优化的复杂网络社区结构发现［D］. 长沙: 国防科技大学, 2012.

［93］LANCICHINETTI A, FORTUNATO S, KERTÉSZ J. Detecting the overlapping and hierarchical community structure in complex networks［J］. New Journal of Physics, 2009, 11（3）: 033015.

［94］CHEN D, SHANG M, LV Z, et al. Detecting overlapping communities of weighted networks via a local algorithm［J］. Physica A: Statistical Mechanics and its Applications, 2010, 389（19）: 4177–4187.

［95］MING–SHENG S, DUAN–BING C, TAO Z. Detecting overlapping communities based on community cores in complex networks［J］. Chinese Physics Letters, 2010, 27（5）: 058901.

［96］JIANG F, JIN S, WU Y, et al. A uniform framework for community detection via influence maximization in social networks［C］. Advances in Social Networks Analysis and Mining（ASONAM）, 2014 IEEE/ACM International Conference on, 2014, IEEE: 27–32.

［97］刘建国, 任卓明, 郭强, 等. 复杂网络中节点重要性排序的研究进展［J］. 物理学报, 2013, 62（17）: 178901.

［98］ZHOU T, LÜ L, ZHANG Y C. Predicting missing links via local information［J］. Physics of Condensed Matter, 2009, 71（4）: 623–630.

［99］ZACHARY W W. An Information Flow Model for Conflict and Fission in Small Groups1［J］. J.anthropolog.res, 1977, 33（4）: 452–473.

［100］LUSSEAU D. The emergent properties of a dolphin social network［J］. Proceedings of the Royal Society B Biological Sciences, 2003, 270 suppl 2（270 Suppl 2）: 186–188.

［101］NEWMAN M E. Modularity and community structure in networks［C］. 2006 APS March Meeting, 2006: 8577–8582.

［102］GLEISER P M, DANON L. Community Structure in Jazz［J］. Advances in Complex Systems, 2003, 6（04）: 565–573.

［103］同［10］.

［104］同［24］.

［105］同［24］.

［106］同［75］.

［107］同［93］.

［108］LEE C, REID F, MCDAID A, et al. Detecting highly overlapping community structure by greedy clique expansion［J］. In Proceedings of the 4 th Workshop on Social Network Mining and Analysis held in Conjunction with the International Conference on Knowledge Discovery and Data Mining, 2010.

［109］PALLA G, DERÉNYI I, FARKAS I, et al. Uncovering the overlapping community structure of complex networks in nature and society［J］. Nature, 2005, 435（7043）: 814–818.

［110］DANON L, DIAZ–GUILERA A, DUCH J, et al. Comparing community structure identification［J］. Journal of Statistical Mechanics: Theory and Experiment, 2005（09）: 09008.

［111］李泓波，张健沛，杨静，等. 基于拓扑势的重叠社区及社区间结构洞识别——兼论结构洞理论视角下网络的脆弱性［J］. 电子学报, 2014, 42（1）: 62-69.

［112］张健沛，邓琨，杨静，等. 基于边标签传播的复杂网络社区识别方法［J］. 电子学报, 2015, 43（6）: 1113-1118.

［113］邓小龙，王柏，吴斌，等. 基于信息熵的复杂网络社团划分建模和验证［J］. 计算机研究与发展, 2012, 49（4）: 725-734.

［114］GONG M, LIU J, MA L, et al. Novel heuristic density–based method for community detection in networks［J］. Physica A: Statistical Mechanics and its Applications, 2014（403）: 71–84.

［115］YANG B, HUANG J, LIU D, et al. A multi–agent based decentralized algorithm for social network community mining［C］. International Conference on Advances in Social Network Analysis and Mining, 2009, IEEE: 78–82.

［116］YANG B, ZHAO X, HUANG J, et al. Community detection for proximity alignment ［J］. Integrated Computer-Aided Engineering, 2014, 21（1）：59-76.

［117］CHANG C S, CHANG C J, HSIEH W T, et al. Relative centrality and local community detection ［J］. Network Science, 2015, 3（4）：445-479.

［118］YANG J, LESKOVEC J. Overlapping community detection at scale：A nonnegative matrix factorization approach ［C］. Proceedings of the sixth ACM international conference on Web search and data mining, 2013, ACM：587-596.

［119］WANG W, STREET W N. Modeling influence diffusion to uncover influence centrality and community structure in social networks ［J］. Social Network Analysis & Mining, 2015, 5（1）：1-16.

［120］淦文燕，赫南，李德毅，等. 一种基于拓扑势的网络社区发现方法 ［J］. 软件学报，2009, 20（8）：2241-2254.

［121］同 ［111］.

［122］GIRVAN M, NEWMAN M E J. Community structure in social and biological networks ［J］. Proceedings of the National Academy of Sciences of the United States of America, 2001, 99（12）：7821-7826.

［123］LÜ L, ZHOU T. Link prediction in complex networks：A survey ［J］. Physica A Statistical Mechanics & Its Applications, 2011, 390（6）：1150-1170.

［124］ZHAO Y, JIANG W, LI S, et al. A cellular learning automata based algorithm for detecting community structure in complex networks ［J］. Neurocomputing, 2015, 151：1216-1226.

［125］ZHANG Y, WANG J, WANG Y, et al. Parallel community detection on large networks with propinquity dynamics ［C］. Proceedings of the 15th ACM SIGKDD international conference on Knowledge discovery and data mining, Paris, France., 2009, ACM：997-1006.

［126］LIU Y, LIU L, LUO J. The Adaptive Method for Closely Communicating Community Detection Based on Ant Colony Clustering ［C］. Multimedia Information Networking and Security（MINES）, 2010 International Conference on, 2010, IEEE：250-254.

［127］同 ［28］.

［128］同 ［24］.

［129］同 ［25］.

［130］ŠUBELJ L, BAJEC M. Unfolding communities in large complex networks：Combining defensive and offensive label propagation for core extraction ［J］. Physical Review E, 2011, 83（3）：036103.

［131］同［7］.

［132］XIE J, KELLEY S, SZYMANSKI B K. Overlapping community detection in networks：The state-of-the-art and comparative study［J］. Acm Computing Surveys, 2013, 45（4）：115-123.

［133］朱牧，孟凡荣，周勇. 基于链接密度聚类的重叠社区发现算法［J］. 计算机研究与发展，2013，50（12）：2520-2530.

［134］朱牧. 复杂网络中社区发现关键技术研究［D］. 徐州：中国矿业大学，2014.

［135］同［34］.

［136］同［36］.

［137］同［37］.

［138］潘磊，金杰，王崇骏，等. 社会网络中基于局部信息的边社区挖掘［J］. 电子学报，2012，40（11）：2255-2263.

［139］HE D, LIU D, ZHANG W, et al. Discovering link communities in complex networks by exploiting link dynamics［J］. Journal of Statistical Mechanics：Theory and Experiment, 2012, 2012（10）：10015.

［140］BALL B, KARRER B, NEWMAN M. Efficient and principled method for detecting communities in networks［J］. Physical Review E, 2011, 84（3）：036103.

［141］杨博，刘大有，刘际明，等. 复杂网络聚类方法［J］. 软件学报，2009，20（1）：54-66.

［142］BATAGELJ V. Generalized Ward and related clustering problems［J］. Classification and related methods of data analysis, 1988：67-74.

［143］MIRKIN B. Core concepts in data analysis：summarization, correlation and visualization［M］. Springer, 2011.

［144］同［47］.

［145］吴斌，王柏，杨胜琦. 基于事件的社会网络演化分析框架［J］. 软件学报，2011，22（7）：1488-1502.

［146］杨海陆，张健沛，杨静. 基于结构稳定性校准的在线式社区识别［J］. 自动化学报，2014，40（10）：2151-2162.

［147］窦炳琳，李澍淞，张世永. 基于结构的社会网络分析［J］. 计算机学报，2012，35（4）：741-753.

［148］PALLA G, BARABÁSI A-L, Vicsek T. Quantifying social group evolution［J］. Nature, 2007, 446（7136）：664-667.

［149］同［148］.

［150］同［50］.

［151］同［49］.

［152］同［50］.

［153］同［46］.

［154］同［146］.

［155］金弟，杨博，刘杰，等.复杂网络簇结构探测——基于随机游走的蚁群算法［J］. 软件学报，2012，23（03）：451-464.

［156］JIN D, LIU D, YANG B, et al. Ant colony optimization with a new random walk model for community detection in complex networks［J］. Advances in Complex Systems, 2011, 14（05）：795-815.

［157］ROSVALL M, BERGSTROM C T. Multilevel compression of random walks on networks reveals hierarchical organization in large integrated systems［J］. PloS one, 2011,6（4）: e18209.

［158］LAI D, LU H, Nardini C. Enhanced modularity-based community detection by random walk network preprocessing［J］. Physical Review E, 2010, 81（6）：066118.

［159］JIN D, YANG B, BAQUERO C, et al. A markov random walk under constraint for discovering overlapping communities in complex networks［J］. Journal of Statistical Mechanics: Theory and Experiment, 2011, 2011（05）：05031.

［160］HUANG L-C, YEN T-J, CHOU S-C. Community Detection in Dynamic Social Networks: A Random Walk Approach［C］. 2011 International Conference on Advances in Social Networks Analysis and Mining（ASONAM）, 2011, IEEE：110-117.

［161］QUILES M G, ZHAO L, ALONSO R L, et al. Particle competition for complex network community detection［J］. Chaos An Interdisciplinary Journal of Nonlinear Science, 2008, 18（3）：113-131.

［162］金弟.复杂网络社区挖掘中若干关键问题研究［D］. 长春：吉林大学，2012.

［163］MARTIN R, BERGSTROM C T. Maps of Random Walks on Complex Networks Reveal Community Structure［J］. Proceedings of the National Academy of Sciences of the United States of America, 2007, 105（4）：1118-1123.

［164］同［42］.

后 记

值此论著完成之际，感谢张健沛教授。张老师学识渊博、治学严谨，拥有丰富的理论知识和实践经验，具有深刻的洞察力，待人亲切、随和、宽容。本专著从选题、研究、反复论证，直到论著的撰写、修改、定稿，张老师都给予了耐心细致的指导。张老师的言传身教使我的学术视野得到极大的开拓，科研能力得到提升，在此，向张老师致以最崇高的敬意、最诚挚的谢意和最深切的祝福！

感谢杨静教授。杨老师学识渊博、为人谦和，这些年来，在我的学术研究中遇到问题时，总能得到他耐心的指导和热情的帮助。杨老师一丝不苟的工作作风深深地感染和激励着我，必将在我今后的学习、生活中产生积极而深远的影响。在此，向杨老师表达深深的谢意和祝福！

感谢吉林师范大学数学与计算机学院的领导和同事们，感谢数据挖掘研究团队的同学们，感谢你们在学习、生活中提供全方位的关心、支持与帮助！本专著的出版得到了"吉林师范大学学术著作出版基金"及"吉林省科技发展计划项目（No. 20230101243JC）"的资助，在此对相关领导的支持表示衷心的感谢。本专著的编写参考了大量的文献，在此也向相关作者表示感谢。另外，感谢中国科学技术出版社，使本专著能够早日与读者见面。

由于作者水平有限，专著中难免存在不足之处，恳请广大读者见谅，并能及时提出宝贵建议和意见。

作者简介

张桂杰，女，1980年1月生，哈尔滨工程大学计算机应用专业博士，美国波特兰州立大学计算机工程学院访问学者，现为吉林师范大学数学与计算机学院副教授，硕士生导师，主要研究方向包括人工智能与机器学习、社会网络分析及现代教育技术等。

王帅，男，1979年11月生，长春理工大学计算机软件与理论专业博士，现为吉林师范大学数学与计算机学院副教授，硕士生导师，主要研究方向包括数据库与数据挖掘、隐私保护等。